☼ 传统工艺智慧与当代设计系列丛书 ☼

U0184420

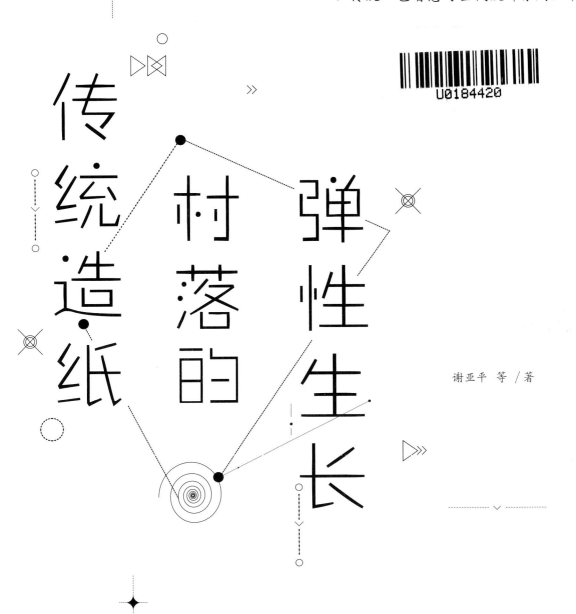

传统造纸

村落的

弹性生长

谢亚平 等 / 著

○ 中宣部宣传思想文化青年英才项目《手工艺的当代转化与价值创造》

○ 重庆市研究生教育教学改革研究重大项目《传统工艺振兴战略下设计学研究生培养模式的优化研究》（项目编号：yjg181013）

○ 重庆市社会科学规划英才计划项目《川渝地区传统手工文化的当代转化》（项目编号：2021YC069）

○ 重庆市教委高校创新研究群体《西部乡村建设创新研究》

重庆大学出版社

图书在版编目（CIP）数据

传统造纸村落的弹性生长 / 谢亚平等著 . —— 重庆：
重庆大学出版社，2023.12
（传统工艺智慧与当代设计系列丛书）
ISBN 978-7-5689-3838-9

Ⅰ .①传… Ⅱ . ①谢… Ⅲ .①手工—造纸—夹江县—
文集 Ⅳ .① TS756-53

中国国家版本馆 CIP 数据核字（2023）第 082831 号

传统工艺智慧与当代设计系列丛书
传统造纸村落的弹性生长
CHUANTONG ZAOZHI CUNLUO DE TANXING SHENGZHANG
谢亚平　等　著

责任编辑：蹇　佳　　版式设计：蹇　佳
责任校对：邹　忌　　责任印刷：赵　晟
*
重庆大学出版社出版发行
出版人：陈晓阳
社址：重庆市沙坪坝区大学城西路21号
邮编：401331
电话：（023）88617190　88617185（中小学）
传真：（023）88617186　88617166
网址：http://www.cqup.com.cn
邮箱：fxk@cqup.com.cn（营销中心）
全国新华书店经销
印刷：重庆升光电力印务有限公司
*
开本：787mm×1092mm　1/16　印张：9　字数：194千　插页：16开1页
2023年12月第1版　　2023年12月第1次印刷
ISBN 978-7-5689-3838-9　定价：68.00元

序

　　乡村，是民艺的沃土，也是保障人与自然对话的场域。而今，在城市的急剧扩张背后，乡村快速衰落，空心村和老人村大量出现。曾作为乡村生产系统里不可或缺的手工艺产品也迅速消失，尤其是大量手工日用器物因为与日用的疏离，失去功能价值而逐渐衰落。针对文化遗产的保护，国际上经历了从物质文化遗产到非物质文化遗产的认识过程，各国逐渐从有形的物质留存认识到作为有文化遗产蕴含的人文价值，村落则是兼顾着"物"和"非物"，呈现着活态和立体的整体性文化空间。中国的乡村建设工作则经历了中国传统村落名录、历史文化名镇、新农村建设、美丽乡村建设、乡村振兴等不同阶段。新时代的中国乡村，文化振兴成为一个越来越重要的显性标识。

　　乡村振兴，不仅是生活系统的更新，更是生产系统和生态系统的重构。如果说手工艺是一种广义的文化生态系统，那它也是维持村落内在活力的黏合剂。显然，针对形态单一的手工艺技艺的保护是一种难以奏效的做法，如何发挥村落文化生态圈的价值，能在变迁中评估有价值的文化资源，为传统工艺的创新和发展找到相对稳定的路径；如何让乡村保留更本源可弹性的生长机制，理解乡土手工艺可持续的限度与拓展，透析手工艺利益共同体的不断变化与聚合，找到乡村手工艺振兴背后的痛点与机遇，是值得讨论的问题。

　　2009年，我走进家乡四川夹江马村乡的石堰村对列入第一批国家非物质文化遗产保护名录的传统手工竹纸技艺展开了系统研究。相对稳定的材料系统、工艺流程和成熟的工具系统，比较完整的村落生态系统，形成了马村乡丰富的自然、社会、人文的手工艺文化生态景观。

　　2018年，四川美术学院的西部乡村建设创新研究团队发起第一期"代代相生，以纸为媒"国际学术工作坊，跨国跨学科团队针对传统手工艺村落的振兴问题，前往马村乡开展田野调研。当我重新回到马村乡，看到十年间发生了巨大的变化。国家级传承人已经不在了，手工艺工具散落在乡野间，2009年还在经营手工造纸的家庭，此时已人去楼空，以家庭为单位的手工造纸萎缩，只有大量闲置的房屋还留着过去主人的生活印记。十年前，我们担忧手工艺后继无人；十年后，乡村的空心化已经不是担忧，而是事实。在市场化、工业化、城市化的浪潮中，乡村劳动力到城市追逐工作机会，带来乡村的大规模人口流失，原来以村落为主体、家庭为单位的小规模手工艺生产逐渐无迹可寻。

2019 年 6 月，我们再次发起了第二期"代代相生，以纸为媒——传统手工造纸村落振兴计划"国际学术工作坊。四川美术学院与日本千叶大学的团队来到日本的传统乡村展开调研。在白川乡合掌村等传统村落，了解到村民是村落发展的关键性主体，村里很早就建立了"三不"村约，即：不租、不改、不卖。并且村民们还自发成立了保护协会，编著了当地的乡土教材。他们企图用一种相对稳定性来对抗变化性，自觉担负起传承的责任，给了我们很多启发。本书集中整理了 2018—2019 年，以这两次工作坊的基础上由团队完成的九篇论文，内容包括技艺本体、生产空间、工匠群体等不同视角，透析一个手工艺村落生活、生产、生态中的弹性生长。

"地方"是一个不断转移和扩大的概念，而 "在地性"是一个更富有弹性的空间概念。当代设计对乡村的介入，包括从居住空间与生产空间的协调，从乡村公共文化空间与产业景观空间的整合发展等等方面。2021 年后，四川美院团队从最初的田野研究到深度参与手工艺乡村的系统规划，潘召南教授团队逐渐将论文写在大地上。回顾 2018—2021 年这个阶段的研究就显得尤为重要，这些团队的共识观念成为2022 年后深度参与设计的思想原型，为具体的设计中"为何"和"何为"两个不同层面的执行搭建了思想框架。乡村的主体是谁，如何能保障不同群体的价值。中国乡村问题是"复杂性"问题，设计在其中可能承担什么角色？都给团队带来诸多挑战。新时代的设计人正以协同者的角色，倡导城乡协同、原来的居住者与迁入者协同、乡村资源与现代生活需求协同，成为搭建不同利益者之间的桥梁。同时，设计赋能是以造物者的智慧，从手工遗产转化为文化资源，最大限度让文化赋能乡村振兴，促进乡村生活的可持续发展，以此最大可能地释放乡村生活的张力和保持乡土文化的弹性。

谢亚平

目　录

001　传统手工艺村落的跨学科研究

　　　　　　　　　　　　　　　　　　　　　—————— 孙艺菱　谢亚平

　　一、工作坊设计与流程　　／003
　　二、田野调查与研究内容　　／006
　　三、结语　　／009

011　基于田野设计实践（FDW）的地域活性化
　　　理论

　　　　　　　　—————— 植田宪　张夏　青木宏展　孟晗　宫田佳美　郭庚熙

　　一、设计学的田野调查　　／013
　　二、何谓 FDW：田野设计实践　　／015
　　三、基于 FDW 的地域活性化　　／018
　　四、结语　　／019

021　于四川省乐山市夹江县马村乡开展的田野设
　　　计实践（FDW）报告

　　　　　　　　—————— 宫田佳美　张夏　青木宏展　孟晗　郭庚熙　植田宪

　　一、调查对象及调查概要　　／023
　　二、夹江县的 FDW　　／024
　　三、提案　　／031
　　四、结语　　／033

035 四川省乐山市夹江竹纸的纸张特质分析

———————— 吴竹雅　土屋笃生　高木友贵　植田宪

一、夹江竹纸概要　　/ 037

二、实验样本以及实验方法　　/ 037

三、实验结果分析　　/ 041

四、结语　　/ 043

045 家庭手工艺生产改变生活空间

———————— 王佳毅　李皓

一、夹江手工造纸技艺与生产空间关系　　/ 047

二、夹江手工造纸生产与生活空间布局　　/ 048

三、夹江手工造纸生产空间的适应性改变　　/ 050

053 日本白川乡传统村落保护路径与模式思考

———————— 李皓

一、传统村落应对现代社会转型的自我意识　　/ 056

二、在制造和推广地区文化中形成身份认同　　/ 059

三、面对展示红利，乡村共同体的反思　　/ 062

065 探寻传统造纸村落的内生动力

———————— 王璐

一、技艺与村落的萌生　　/ 067

二、技艺与日常生活的黏性　　/ 069

三、技艺与文化认同的濡化　　/ 075

四、结语　　/ 077

079 夹江传统手工造纸技艺的传播途径现状
（节选）

································· 燕韦

一、以"合家阄"为基的人际传播 ／ 082

二、以研学教育为主的组织传播 ／ 086

三、以电子媒介为主的大众传播 ／ 092

113 传统村落振兴建设的"有效性"研究

——第二期"代代相生，以纸为媒——传统手工造纸村落振兴计划"国际
学术工作坊

················· 梁瑞峰　谢亚平

一、何为"有效性" ／ 115

二、为什么村落建设需要"有效性" ／ 116

三、如何在传统村落的振兴建设中更具"有效性" ／ 117

四、结语 ／ 118

121 附　录

附录 1　2018 年四川夹江马村田野实录 ／ 122

附录 2　2019 年日本千叶大学田野实录 ／ 129

传统手工艺村落的跨学科研究

—— 孙艺菱 谢亚平

摘 要

2018 年 11 月，四川美术学院发起了以"代代相生，以纸为媒——传统手工造纸村落振兴计划"为主题的国际学术工作坊，与日本干叶大学设计文化计画研究室、日本国立历史民俗博物馆共同组建跨学科团队，针对传统手工艺村落的振兴问题，前往四川夹江马村开展跨学科田野设计实践，通过问题先导—深入田野—分组切入—个体研究—问题报告的方法，从技艺传承与产品创新、民居建筑与传统村落、文化生态三个角度，勾勒了人与物背后的复杂文化语境，解读传统手工艺村落面临的困境，透析传统手工造纸技艺在当代社会发展中的不同路径。

关 键 词

手工艺村落；造纸技艺；民居建筑；生产民俗；田野调查

传统村落是手工技艺赖以存在的主要场所。一直以来，人类学、民族学、建筑学等不同学科从各自角度研究其现状，并给予传统手工艺积极关照。传统手工艺的传承是一个复杂的问题，受到文化生态、原材料系统、传承人等因素的影响，从核心技艺到文化产品，从造纸工艺到工具研究，从技艺到居住空间及村落营建，从宗族关系到文化生态交织互促，传统手工艺村落的复杂性要求其研究不能囿于单一学科视角。

四川美术学院手工艺术学院、设计艺术学院在中国传统工艺振兴计划和乡村振兴战略的号召下，邀请日本千叶大学设计文化计画研究室、日本国立历史民俗博物馆共同组建跨学科团队，于 2018 年 11 月前往四川夹江，开展了第一期"代代相生，以纸为媒——传统手工造纸村落振兴计划"国际工作坊，汇集跨学科的国际学术力量，讨论关于传统手工艺振兴的议题。

一、工作坊设计与流程

此次工作坊主要以田野调查为核心，参与人员共计 20 余人。工作坊开展前，成员先对调研地点进行桌面研究，根据调研对象的特性进行分组，将来自不同学科的成员组合成跨学科团队，并以问题为导向制订调研计划，最后，前往四川省夹江县对传统手工造纸村落进行田野调查。

（一）基础调研与分析

工作坊开展前，先对调研地点进行了桌面研究。具体内容包括调研对象的发展现状、调研地点的自然地理条件、空间环境、人文历史背景等方面，同时，参与成员对文献资料进行分析。

夹江被称为"蜀纸之乡"，其气候环境适合竹类生长，手工竹纸行业历史悠久。多年来，依托当地的自然资源，坚持传统造纸技法，伴随手工技法逐渐形成完善的工具系统和技术系统，甚至连民居样式也是按适应造纸生产体系而建。村落中的物质文化与非物质文化是否有着连带关系，夹江的竹纸文化与民间活动是否有着密切关联，手工材料原产地分布与村落空间布局有什么样的关系等问题，希望通过实地调研能够为未来村落的可持续发展收集一些依据。

项目组通过前期桌面研究，在进入夹江田野前，拟定了一些选题：

（1）血缘关系、业缘关系与手艺分工关系的耦合

（2）村落文化再造：参与式创新的可能

（3）手工材料原产地分布、建筑变异与村落空间布局

（4）民俗体系再生产的可能性

（5）村民身份认同与业缘关系的协同共生

（6）文化体验产品与核心技艺的延展性研究

（7）乡村重塑与手工纸村落的栖居

（8）重回日常：纸质生活

（9）有形遗产与无形遗产的互证与创生机制

（10）乡村文化生态的修复与经济生活的可持续

（11）生产仪轨与村落民俗场域的交织与互促

（12）技术传承与手工悟性知识的隐蔽性关联

（13）地方性知识与弹性文化共同体的构建

希望通过详细的田野研究，从不同专业角度切入不同的话题，对传统手工艺村落振兴问题进行思考。

（二）研究对象：传统手工艺村落

作为手工艺文化的载体之一，传统村落具有其独特的复杂性，能够真实地反映乡村生活方式和生产体系，也是传统手工艺文化的原始土壤。传统手工造纸村落自古以其独特的血缘与业缘关系代代相生，从产品体系、技术系统、村落生态景观、民居样式到生产性民俗，形成了一套独特的文化生态有机链状体系。随着行业的萎缩和内在分工体系的瓦解，原来建立在单一姓氏和宗族关系的传统手工造纸生产系统，在现代生活中被瓦解，传统村落逐渐凋敝。

工作坊根据传统手工艺村落的复杂性（图1），将田野调查成员分为三组：技艺传承与产品创新组、民居建筑与空间特征组、文化生态组。技艺传承与产品创新组主要由视觉设计、手工艺产品设计及设计科学专业的师生构成，针对夹江手工造纸的技术体系及产品体系展开田野调查；民居建筑与空间特征组主要由环境设计与设计科学专业的师生构成，针对夹江传统手工造纸村落的民居建筑样式与村落空间形态展开调研；文化生态组主要由设计史论与民俗学专业的师生构成，针对夹江手工纸依附的自然环境、行业信仰、联动产业等生产性民俗展开调研。

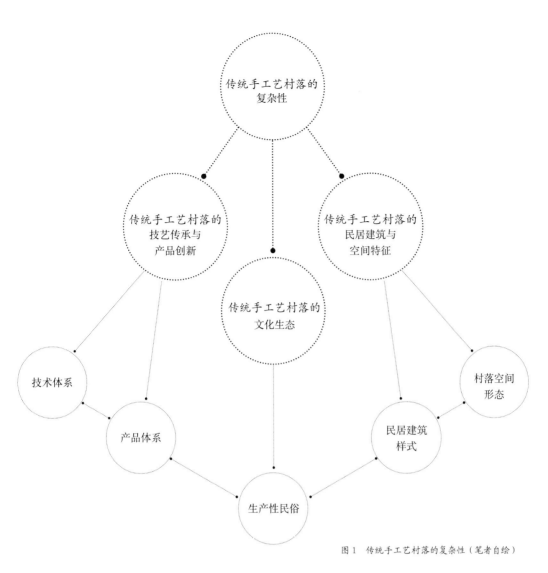

传统手工艺村落的
复杂性

传统手工艺村落的
技艺传承与
产品创新

传统手工艺村落的
民居建筑与
空间特征

传统手工艺村落的
文化生态

技术体系

村落空间
形态

产品体系

民居建筑
样式

生产性民俗

图1　传统手工艺村落的复杂性（笔者自绘）

（三）研究视角：跨学科思维与田野观

此次工作坊召集设计学、民俗学、环境设计、视觉设计、手工艺设计等专业的师生，对传统村落进行文化空间的整体性研究，将设计、美术、民俗学等跨学科的理念、理论与方法引入手工艺村落振兴的计划中，利用跨专业、跨学科的学科语言、思维视角和研究方法去寻找传统工艺的发展方向，以推动传统工艺的创造性转化。

民俗学师生较注重对具有典型性的村落进行个案研究，关注传统村落的历史发展、村落组织、村际之间关系、宗教信仰等，积累了丰富的案例。[1] 而设计学师生对传统手工艺有着深刻的理解，关注技艺与工具的流变、民居营建及村落整体布局的研究。传统手工艺村落的文化再造，是需要关于理论研究与技艺记录的"田野"，还是需要从自然、民族与生活、生计等多重维度进行的"田野"，在跨学科的田野观碰撞后，也许会有新的解答。

二、田野调查与研究内容

完成前期研究并根据传统手工造纸村落的复杂性分组后，工作坊成员前往四川夹江，对传统手工造纸村落进行田野调查。三组成员分别从各自的研究方向进行文化资源调查，对手工艺资源、建筑资源、民俗资源等内容进行研究，并构建出小组的主要议题与研究内容。

（一）传统生活智慧与生活文化创生设计

夹江手工纸坚持"古法造纸"，工艺流程中处处体现出传统的生活智慧。以状元纸坊的制浆流程为例，从砍竹开始，经过水沤杀青、捶打选料、打竹麻、淘洗去污、篁锅蒸煮、加碱沤浆、漂洗紧实、洗涤制浆，近10个步骤中没有呈现出纸的外在结构与造型，却反映了纸的内在情感与伦理。

蒸煮时，要趁着锅内的高温把竹麻纤维进一步捣碎，这一步在当地叫作"打竹麻"，这时所唱的农事号子叫作"竹麻号子"，成员由1位领唱、5位跟唱构成。"打竹麻"是众人必须协调工作的一个环节，在生产的过程中，打竹麻的男人同时作为生产和唱歌的主体，以领唱的节奏控制动作的协调和劳动的强度。

男人是锅上打竹麻和歌唱的主体，女人承担地面捶打选料的工作（图2、图3），"唯造纸之家，不分老幼男女，均各有工作，俗呼为'合家闹'"。靠近蒸锅修建沤浆与洗涤的水池，女人在水池旁通过团队合作将捶打、洗涤、回收的工作流程一气呵成，每组女性只针对一个步骤反复工作，体现出高效方法和思维模式。打竹麻时高效的工作流程体现出劳动者的"巧"劲，劳动与歌唱的互助、和谐高效的团队协作流程都是当地村民在生产过程中形成的生活智慧。

用设计的视角进入造纸流程，要将夹江手工纸的生活文化引入设计。例如，针对夹江纸品牌视觉形象塑造，工作坊成员提出对生产流程中的某一形态进行提取，将其作为视觉元素，使复杂的视觉设计解构成有针对性的设计步骤，从而生成纸品牌的视觉图形，达到以设计的手段延续手工纸再创造的目的。

（二）民居的空间特征：竹纸文化空间的形成

夹江手工纸的生产单位主要为独立家庭式作坊，竹纸的生产空间与家庭生活空间连接在一起，构成夹江造纸村落独特的民居样式：随处可见的用于晾晒纸张的通风、光滑的墙面。建筑的墙体由竹子、稻草、黄泥巴、白石灰组成，表面用白蜡磨平，成

2.

3.

图 2　男性劳动者在打竹麻（孙艺菱摄）

图 3　女性劳动者在捶打选料（孙艺菱摄）

图4 民居建筑外墙为晾晒墙（孙艺菱摄）

图5 贴在墙壁上等待晾干的手工纸（孙艺菱摄）

为纸张晾晒墙（图4、图5）。墙面成为纸张形成过程中最后一个步骤的依托，家庭生活空间中关于纸的生产轨迹到此就终止了。生产空间与生活空间的叠合造就了夹江民居建筑的独特风格。

从非物质空间载体的角度探索工艺文化与空间形态之间的关系，即探索夹江造纸工艺与建筑之间的关系。竹纸工艺依靠空间与人群进行传递，民居建筑变成了竹纸文化聚集和传播的中心，从而承担了竹纸文化空间的角色。民居中的竹纸生产空间与晾晒空间是传统手工造纸文化影响下形成的特质文化空间。一定数量的手工纸家庭聚集形成了村落，丰富的文化生态变成了技艺，地方性知识成为纸与民居及村落的纽带。

（三）生产性民俗研究：从"纸文化"到"竹文化"

以造纸工艺流程作为此次夹江传统手工艺造纸村落研究调研的起点，经过数天的田野时间，随着走访地点与采访人数的增加，来自不同学科的工作坊成员逐渐表现出田野聚焦的差异。

从工序、工具、生产空间到生活、生计及信仰等方面，调研维度在跨学科的田野观下不断延伸。总的来说，田野调查的重点已经从"纸文化"转变为"竹文化"（图6）。在夹江，竹可以是纸的原材料，也可以是工具材料，甚至可以是墙面材料。同时，当地居民根据竹的不同特性制成各种乡村生活用具。夹江传统村落的生产特征从原本认为的"以纸为生"延展到了"以竹为生"。

同时，跨学科团队的合作使生产性民俗的内容不断在田野中呈现。民俗学中的田野观，田野所指的内容（对象、范围），也多是民俗或民间文化（包括民间文学、民间信仰）的传承。[2] 伴随竹纸技艺而产生的民间活动，例如，打竹麻成为村民的聚会、造纸工坊在大年夜祭拜先祖和先师蔡伦，这些活动围绕整个夹江造纸行业的生长而进行。

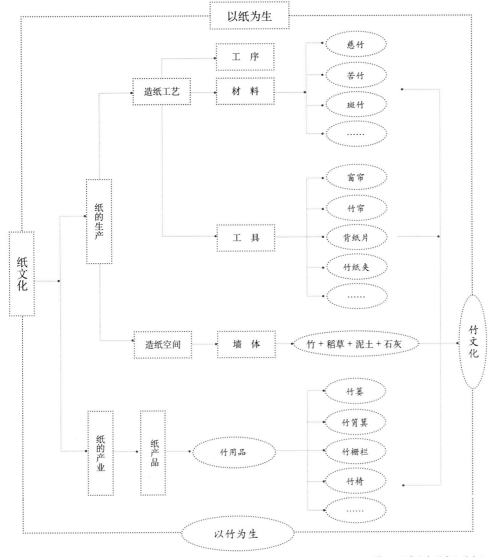

图6　纸文化与竹文化的交织

三、结语

　　传统手工艺村落的文化内涵体现在传统建筑样式、村落人情风貌和以手工艺为代表的非物质文化遗产上（图7），村落主要行业的萎缩使由物质文化与非物质文化共同构建的村落文化生态逐渐被瓦解。此次田野工作坊不仅对造纸工艺及村落个案研究，还对村落的整体性、系统性进行了探讨，从不同视角对地方性知识进行了整合。

　　跨学科团队在调研中，参考日本千叶大学关于地域振兴从村民内发的发展观、日本国立历史民俗博物馆关于非物质文化遗产的调查方法。

图 7　竹制生活用具（项目成员摄）

　　"代代相生，以纸为媒——传统手工造纸村落振兴计划"国际学术工作坊的田野调查，通过跨学科的交流与碰撞，为传统手工艺村落振兴研究提供了启示与思考。最后，关于此议题的继续研究，要强调"重返民间"的重要性，通过不断试错与深度挖掘，为传统手工艺村落振兴计划制订可行的实施方案。

【注　释】

[1] 孙九霞. 传统村落：理论内涵与发展路径 [J]. 旅游学刊, 2017（1）：2.

[2] 施爱东, 巴莫曲布嫫. 走向新范式的中国民俗学 [M]. 北京：中国社会科学出版社, 2015.

基于田野设计实践（FDW）的地域活性化理论

植田宪　张夏　青木宏展　孟晗　宫田佳美　郭庚熙

摘 要

本文为笔者与四川美术学院师生一同在四川省乐山市夹江县马村乡开展的 FDW 的调查与研究报告的第一部分。首先简述了 FDW 的理论与方法，然后基于此方法为该地区"基于传统工艺的乡村创造性活化"工作展开提出参考方向。FDW 的地域活性化理论，要求实践者先放下自己的"专业工具箱"，怀抱"好学心"深入当地，重新发现、认识、评价当地的各种潜在的资源。其次，将发现的资源进行视觉化、语言化的整理，并将此结果与当地人共享。最后，将当地资源的活用方案与当地的生活者一起实践、评估与再修正。FDW 地域活性化理论作为更加健全和可持续的地域振兴计划方法之一，正在获得关注。

关 键 词

资源利用；地域活性化；设计方法论；田野设计实践；乡村振兴

当下，各国各地区那些历经岁月沉淀下的生活文化都在面临着快速消失的危机。其中的一个原因，是急速推进的现代化与都市化催生的"物"与"事"派生出了许多问题，比如，地域文化的均一化、生活者主体性的丧失。在这样的背景下，日本的"地方创造性活化"受到重视，中国的"美丽乡村"得到大力推行都在印证：一种以理解地域风土、历史、文化为基础，由生活者参与的健全的地域活性化的设计计划论正在得到关注。

笔者所属的千叶大学设计文化计画研究室，与世界各地学校或机构联合，进行基于田野设计实践（Field Design Work，FDW）的地域活性化的许多尝试。简而言之，是教师与学生通过"学习"地域生活，使该地域的各种资源得到外显化，并且通过探讨这些资源的活用方法来谋求地域活性化的方法。

一、设计学的田野调查

笔者在 2018 年 11 月 27 日至 29 日展开了对夹江县马村乡地域资源的调查。当地的生活者在漫长的年月中，创造了与这一地域风土相适应的造物文化。以竹子为主要原料的手工造纸，即是众多造物之一。曾经的竹纸生产，与当地人们的生活高度一体化，并不断发展、继承。但是，在过分强调当地竹纸经济价值的当代背景下，忽视了生活与竹纸的一体性，这样的倾向也使手工造纸的文化继承变得越发艰难。

今后，作为当地重要标志的竹纸生产，应该作为一种"生活文化"继承下去，而不只是一种"经济产物"。

抱着这样的理念，笔者尝试把 FDW 的方法应用到当地"手工乡村创生"中。

（一）田野调查与设计

若想提出对地域活性化切实有效的设计提案，无论对于现在的设计师，还是学习设计的学生，首先应该亲赴目标地，学习当地的文化。所以，在设计学领域里，为了把握对象地域特征和生活特质，引入了田野调查的手法。很遗憾，目前，不曾踏足田野只在自己想象中进行创作的设计行为并不少见。

（二）田野调查

所谓"田野调查"，就是以研究人们生活样式为目的而发展出来的一种野外调查活动。特别是在文化人类学领域，田野调查作为翔实的掌握异文化的生活方式的主要研究手段备受推崇。其一般指收集没有文献记录的数据，也包含对既有数据的鉴证。田野调查虽然也含调查者作为第三者，独立于调查对象客观翔实地观察记录——非参与观察 (nonparticipant observation)，但调查者作为所调查的对象团体、社会的一员，投身参与调查活动——参与观察 (participant observation) 的例子更加普遍。在后者中，调查者在与被调查者共同生活、活动的过程中，自身的体验也被看作重要的研究数据。相比掌握定量数据 (quantitative data)，田野调查多以收集定性数据（qualitative data）为目标。也正因如此，田野调查的方法与分析会因调查者的自身经验而产生差异，很难一般化。甚至，田野调查这种研究方法，十分重视调查者的变化与成长。

（三）设计实践中的田野调查

在以"让人们的生活变得更加丰富多彩"为目标的设计实践中，关于它的研究对象——"生活"相关的文献资料是不完备的。另外，生活样式有国家、地域之别，是十分多样的。特别在当下，"生活"本身无时无刻不在发生变化。因此，依赖第三者收集并整理有关资料，进行设计提案是不可能的。设计者应该投身到"生活的现场"，这点在当今设计领域中已经越来越重要。因此，在此意义上，田野调查的方法对于设计实践，越来越受到关注。

但是，并非仅仅身赴"田野"就能做成好的调查。对于调查对象、地域抱有"兴趣"与"关心"是调查能否成功的关键，另外，尽量留意包含在生活中的有形、无形的各种要素，比如，在以某一个有形的事物作为研究对象时，对它的材料、加工方法、形状尺寸进行详细的测量，观察这个事物本身的特质并加以掌握虽然重要，但作为设计的研究与实践，更应该留意一下这些"看不见的问题"：比如，这个事物是由谁、如何制造出来的，是被如何使用的，形态和用法是如何变迁的，甚至是与这个事物相关的人是如何感受评价它的，通过这个事物作为媒介形成了怎样的人际关系网络等。

只有调查者通过自己的"五感"去观察、感受，才能使对生活样式多方面的把握这件事成为可能。

（四）设计教育、研究中的田野调查

田野调查在设计教育中的重要性，不仅在于学生通过上述活动的反复操练，掌握田野调查的方法本身，更是打破了象牙塔的封闭，通过学外调查的机会，体验、学习

并且理解 "生活"本身。梦想成为设计师的学生，不只应该掌握在校内可以学到的课堂讲义、资料、实验结果、学术论文或是网络上可以搜索的知识，更应该通过驱使自己的"五感"，直接获得生活的第一手知识，并且在这个过程中磨炼自己的五感，培养对生活的关心，建立对知识的饥饿感，建立积极主动的心态。

另外，在设计学领域里，设计学的研究目的不能只停留在调查、研究的阶段，而是要延伸到作用于实际生活。放眼当下，生活样式呈现多样化的趋势且瞬息万变。为了能够有效地应对这样的变化，就要求在与调查对象、地域建立并保持良好的关系中，不间断地进行实地调查，提出方案，进行实践。因此，田野调查本身，也是地域活性化的一种方法论。

二、何谓 FDW：田野设计实践

如上所述，近年在设计学领域里野外调查的手法越来越得到重视与应用。这些设计学的野外调查活动，被统称为"田野调查(Field Work)"。但是，与考古学、人类学不同，设计学的田野调查还需要完成设计提案、设计支援等，而这些活动很难以"田野调查"这一概念来概括。

正如前文所述的那样，不了解生活，就无法做出可以让生活更加幸福的设计。因为创造生活的主体并非设计师，而是生活者本身。设计师只是去协助、支援生活者的存在。当今，生活中的许多要素都被语言化、可视化，而后通过各种媒体被扩散开。然而，生活的本质是由人们通过驱使自己的五感构筑而成每日的营生。这些每日的生产与生活是通过五感构筑的人与人、人与自然的连接，也只有通过五感的驱动才能感受、传达。无论现代的媒体与通信技术多么发达，之于设计者最重要的是，抱着学习生活的热忱，进入生活的现场，与当地的生活者一同探讨生活与如何让它变得更好的设计，并将它付诸实践的姿态。这也是设计学中的田野调查的意义所在。

FDW 正是立足上述田野调查，笔者总结出的地域活性化的方法。基于田野调查，发现当地的资源，并且通过对这些资源的活用达到地域活性化的目的。

（一）基于"好学心"的资源发现

FDW 基于田野调查，但在 FDW 的过程中，更重视基于设计者好奇心的"资源发掘"，并立足这些被发掘的资源活用法。设计学虽然经常被认为是"发现问题、解决问题"的学科，但是，在 FDW 中，反而是看轻问题，而看重重新评估资源这件事。因此，FDW 可以说是"发现资源、活用资源"的设计实践。人，去寻找一样事物的缺点相对容易，但是，聚焦缺点很难导出具有创造性的提案来。如果掉进"正因为没有，就更想要"的思想陷阱，就容易忽略对象地域的特性。另外，当地人的"我们这什么也没有"的想法，也容易让人依赖"什么都从外面引进进来"的解决思路，从而导致引进了当地无法消化吸收的东西，招来当地人的主体性丧失的恶果。而反观 FDW，坚持将"当地人认为当地'什么都没有'转变为当地'到处是宝'"的想法作为立足点，尽力对当地潜在的资源进行再发掘是很重要的。换句话说，对象地域的所有物与事都认为是潜在的宝物而进行"寻宝"的活动，即对当地人认为"再普通不过的"身边事与物，进行作为资源的价值的再评价与再认识的契机。

这里需要注意的是，在田野设计实践的初期，判断一样事物作为资源是否有价值是很难的。在初到当地进行调研的时候，不要指望当地人把当地资源的价值一样一样介绍出来。事物也不会亲自开口诉说自己的价值。因此，田野设计实践的参加者，需保持好学心，对于当地的任何事与物都充满好奇心是很重要的态度。

另外，要尽可能地驱使五感，通过自己的实际体验来感知对象地域是十分重要的。因为，在文化中，有许多的文化组成要素是无法以语言为媒介描述、传达的。换句话说，不是所有的文化都能被语言化。比如，食物的味道，就无法准确地用语言表达。只有通过一起品尝才能达到同样的味觉体验的共享。因此，有些学习是必须通过与当地人进行同样的体验才能习得的。而且通过共同的体验，参加田野设计实践的同伴也能更好地互相交流对当地文化的心得。

只有通过发现当地资源这个办法，才可能导出使当地人自主实施的提案，也有助于提出使当地自发地发展的提案。而且，通过对当地资源的活用，也能使当地生活者作为主人公的生活创生的设计提案在当地得到共识。并且如果提出了当地人都认可的资源活用方法，那些资源的价值就自然会提高。通过这样的方法，当地的生活者自身，活用身边的资源才能达到内发型发展，自然也能保证是可持续的。

（二）资源的视觉化、语言化与共有

这一过程主要是将目前没有被可视化的人与人、人与物、人与自然，以及人与超自然的关系视觉化。比如，将人与人、人与物、人与自然、人与超自然这些平时"看不见的"的连接视图化。这种视图化的方式也成为利益相关者关系图 (Stakeholder graph)，即导出相互的利益关系（并非一定要是利害关系）的一种尝试。

另外，在当地学习并发现的各种"资源"，先将它们单位化、文字化，再进行再构筑的方法也经常被使用（KJ 法）。通过这样的方法，可以将平时不易察觉的资源之间的内在关联和它们的"结构"整理出来。而且这个过程也包含将这些资源原有的结构分解，确查后，进行"再构造"的设计方法论。

像这样的田野设计实践的参与者，并非最初就按照事物"是不是有用"的标准，而是应该秉持让自己对这件事物的兴趣和关心不断提升，永葆好学之心的态度。原因正如上文所说，一件事或物的"价值"是事后决定的。所以，首先要做的是尽可能地收集和发现那些潜在性的资源。

在收集资源时，应该积极地向当地人发问。因为我们有必要去关注一些日常的事物，这些事物在当地人生活里是如此的稀松平常，以至于他们认为是"想当然的事物"，因此，不会主动向调查者介绍。这些"想当然的想法"很可能就会埋没许多资源的价值。田野设计实践的参加者要将一些将来也许可用的资源发掘出来，将之整理成一种可以随时活用的状态。

其实，向当地人积极地发问，本身就是地域活性化的一种方法论。因为这样的发问会将当地人脑中被认为是"理所当然"，即潜在化的信息重新激活。将这些信息从当地生活者的脑中牵引出来是接下来将它的价值提升并且活用的第一步。另外，向好学的年轻人教授自己掌握的生活智慧，或者说自己掌握的生活智慧让年轻学生充满好奇、感到兴趣这件事，会让当地人心怀喜悦。这样的发问与回答也会帮助当地的生活者，重拾自己作为当地社会一员的身份认同感。在少子老龄化这一社会问题加剧的当下，由参加田野设计调查的研究者和学生来担当知识的继承者和下一任传递者，对于今后的社会创造与发展都是有意义的。

（三）对于如何看待历史的重要性

我们生活的多样性都立足于历史。但是，在今日生活高速的变化下，这一事实变得越来越模糊。在实地调查时，只看到"现在"所呈现的表象，却容易忽略掉与历史的联系，导致无法发现当地"真"的资源。因为那些真正有价值的资源都藏身在生活的时空中。这就需要设计者在去实地调查前，对调查地的历史做一番预习，找到兴趣点。那些随着生活样式的巨变而不易寻见的资源，其实都埋藏在当地高龄者的记忆中。通过采访询问，将这些资源牵引出来是必要的。

（四）资源活用的设计提案

在依据资源做活用设计提案前，如果先将发现的资源整理并构造化，会使提案变得容易。通过被整理并构造化的资源可以明确地域社会总体的构造，也能通过每个单位化的"资源"来导出具体的设计提案。另外，不仅要发掘尽可能多的资源，而且要将发现的资源与当地的生活者分享，并且得到他们的反馈意见，这是不可或缺的。因为，最终去实现这些设计提案的主体是当地的生活者本身，而并非设计师或者任何外部的人或团体（当然对这些多样的主体的参与并不应反对）。只有实施发展的主体是当地生活者时，当地"真"的地域活性化才可能实现。文化是由当地的生活者自主地习得、共有并活用所形成的生活样式的总和。因此，面向未来的地域活性化的设计提案，更需要当地生活者的参与，通过与设计师之间不断地对话探讨一点点改良这些方案。并且在这一过程中，当地人才能一点点提起兴趣参与进来，并最终成为实现这些提案的主体，将提案持续下去。

（五）实践的支援

设计，特别是 FDW 提出了设计方案并不意味着终止了与生活者的关系。相反，应该意识到提案实践的开始是一个面向新时代的生活创作性活化的开始，虽然它可能面临许多挫折。进行必要的支援活动，会帮助当地社会将提案进行下去，必要的支援活动也是一种契机，使当地的生活者达成新的"恰到好处"的生活状态的共识。田野设计实践的参加者不应满足于一次的提案，而是应该将活动持续下去，这对当地的生活者和设计者双方都是重要的。

另外，上述设计提案的生成，又会成为新的变化发生的契机。虽然这些变化可能与设计者原本预想的有所异同。在大多数情况下，这些变化都好过预期本身。因为比起一个人脑中联想的事与物，总比不上横亘时间轴上的众人达成共识的创造来得现实与可持续。

三、基于 FDW 的地域活性化

无论是设计师还是学生，能否怀揣着兴趣和好奇心来进行地域资源的调查，关联着该地区信息活性化的第一步。当地的民众只抱持着"理所当然"这样的认知的状况下，该地区要想达到信息的活性化是非常困难的。"潜在"的状态持续下去，不久也就会被遗忘。将潜在化的智慧引导出来，与人共享，并且使之活用的 FWD，是把那些沉睡的资源外显化并引导其可能得到活用的重要方法论之一。

这样，一旦地域资源被重新认识，得以活用，将激活下一个次元的活用。这样，FDW 可以成为创造可持续的内发型发展的契机。如此考量，当地的生活者自发地活用当地的资源，将属于他们自己的生活方式推陈出新，正是基于历史的合理展开方式。这也正是基于全员参加，并充分活用当地资源，创造出的符合时代文脉的文化创造性活化。在今后的地域创生中，这样的重新评价是不可缺少的。为了扎实地进行重新评价，"到野外去学习生活"的理念有必要确立为最根本的理念。

"设计"并不仅仅是决定事物的颜色和形状的行为，而是为了使人们的生活变得丰富多彩的综合性科学、技术与实践。也就是说，"设计"所指，正是"计划"＋"文化"。然而，"生活"是什么？"文化"是什么？"设计"又是什么？要形成这些认识并非易事。另外，设计师不能直接创造"生活"。生活的创造者始终是"生活者"，因此，设计师应该做恰到好处地支持生活者的存在，这也是"设计师即是'黑子'[1]"这种说法的来由。

因此，对于立志于"设计"的人而言，必须洞悉一个国家和地区本就具备的"生活文化"的"过去"和"当下"，并立足其特质，具备能够提出适合当今的创造性建议的能力。因此，地域创生，即是生活创造性活化，这种对于未来"应有的姿态"的把握，应从当地"曾经发生过的""现今拥有的"开始。

四、结语

如果不了解在实际生活中丰富多彩的创造，设计这个领域就无法摆脱"设计师以商业目的进行的创造行为"这一狭义的定义。只有通过进行田野调查，才能捕捉到设计的本质：生活者在漫长历史中，通过五感创造，并达成了一种"恰到好处的生活秩序"的共识，并且将之传播，日积月累形成的"物"乃至"事"，即设计就是生活创造性活化本身。

这样的设计，其基础正是建立在以生活为对象，充分调动五感真挚地学习，并且一边学习一边与当地的人们协力展开。从这个意义上来说，设计不应该只是书桌上得来的，而必须始终与现实生活相结合通过实践获得。因此，对设计而言，"到野外去学习生活"是不可或缺的过程。

另外，"文化"是"由构成社会的人们习得、分享、传播的行为方式乃至生活方式的整体"。正如这个定义所指出的，"文化"并不仅仅是设计师理解和实践的东西，也不只是物质所能表现的东西。相反，只有当地生活者之间互动习得并分享的，才是地域的文化。我们要慎重对待这一点，也应该留意习得、分享、传播的过程原本就是生活本身。换句话说，努力使生活文化更加丰富多样，不是从外部框架形成的东西，应该是从内部完成的，这样作为一种手段，人与人之间彻底的沟通是多么重要，就是再明显不过了。

[1] 黑子，是指歌舞伎表演中，为了不引起观众注意，身着特殊黑衣为表演者提供道具辅助的演职人员。

于四川省乐山市夹江县马村乡开展的田野设计实践（FDW）报告

宫田佳美　张夏　青木宏展　孟晗　郭庚熙　植田宪

摘 要

本文旨在呈报 2018 年 11 月末于当地开展的 FDW 的概况：于当地发现的诸多资源，以及通过这些资源的活用，提出有助于今后此地内发式的地域活性化的设计提案。通过将现地调查中发现的大量当地资源进行视觉化与构造化，整理成"竹子利用的文化""竹与饮食"等 10 个大项目，并最终针对当地"基于传统工艺的乡村创生"这一今后的发展目标提出了 6 个方向的设计提案：传统造纸方法的开放体验、产业遗产的整理与观光的联动、白夹竹的栽培、竹纸生产的空间与工具信息的积蓄、竹制生活工具、与食文化的联结。

关键词

内发式的地域活性化；乡村振兴；资源循环型发展；竹纸；设计教育

一、调查对象及调查概要

（一）调查对象地区：四川省乐山市夹江县马村乡

夹江县位于四川省西南部，隶属于四川省乐山市，距离四川省省会成都约有 130 千米，内有河流青衣江，古称"平羌江"，诗仙李白也曾挥毫写下"峨眉山月半轮秋，影入平羌江水流。夜发清溪向三峡，思君不见下渝州"。县内泾口有"两山对峙，一水中流"的自然名胜，故名"夹江"。[1]马村乡，地处夹江县城北面，距离县城 13 千米，下辖 11 个村庄，本次调研对象地区为其中的金华村和石堰村，这里也是传统的书画纸产地。

（二）夹江县马村乡的竹纸历史与现状

四川夹江竹纸制作技艺始于唐、继于宋、兴于明、盛于清，历经民国时代已有一千多年的历史，清代以后，夹江手工纸产量进一步增加。截至 1939 年，所产手工纸共有 3 个系列，50 多个品种。夹江手工纸的生产到民国三十四年（1945）达到了鼎盛时期。之后，由于需求锐减和机制纸业的冲击，夹江手工纸业生产陷入了低谷，年产量由 8 千吨减为 1 千吨左右。1949 年后，夹江纸业走过了一波三折的曲折发展历程。2006 年，夹江竹纸制作技艺被列入首批国家级非物质文化遗产名录。随着市场经济的导入，纸张消费需求增加，2009 年，其产量达到两万吨。[2]

以嫩竹为主料生产的夹江手工书画纸具有洁白柔软、浸润保墨、纤维细腻、绵韧平整等特点，被人们赞曰"淡画不灰、淡泼浓、浓泼淡、诗有烟霞气，书兼龙虎姿"。张大千曾说"中国有宣、夹二纸，堪称二宝"。[3]

夹江县传承下来的竹纸制造技术，是中国千百年造纸技术经验和智慧的集成，也是当地重要的无形文化财产。然而，随着时代的变迁，夹江竹纸面临着原材料锐减、后继者不足等问题。此次调查踏访的马村乡石堰村与金华村，传承沿用以往造纸法的工坊日渐减少，竹纸文化的消失也令人担忧。正因为此，探讨研究基于对竹纸以及当地生活文化的再确认与再认识的传承方针显得极为重要和迫切。

（三）调查概要

本文所呈报的是日本千叶大学与日本国立历史民俗博物馆、中国四川美术学院共同合作开展的为期三天的现地调查。现地调查的日程安排具体如表 1 所示。

表 1　竹纸考察安排

2018 年 11 月	27 日	28 日	29 日
上午	项目及团队介绍	民居·村落整体考察	考察状元纸坊
上午	领导致辞		
上午	调查项目主题分组	考察天翔纸业造纸厂	
上午	确定日程及任务发布		
下午			
下午	考察状元纸坊	考察墨韵纸业造纸厂	考察夹江年画工坊
下午	途中考察民户抄纸工坊	访谈石堰村书记	
下午	考察大千纸坊	访谈村民（石春泉氏、夏天清氏等）	

二、夹江县的 FDW

（一）竹子利用的文化

造访该地区最初感受到的是丰富多样的绿色。特别是生长着不同种类的竹子，同为绿但又呈现不同的绿（图 1）。在该地区，竹子的种类据说多达 30 种。[4] 当地人依据不同种类竹子的特性加以利用，制造出各式各样的竹制工具。

现在当地人的生活中，还在使用诸多的竹制工具。

每种竹子的名称以及特性在这次的调查中没有充分把握，在今后的调查活动中希望连同与人的生活关系一起详细地整理记录下来。例如：①每种竹子的采集时间是否相同，是在一年内的什么时期，由谁采集的？②砍伐竹子用了什么工具，这些工具又是由谁以怎样的方式制成的？③作为生活用具的竹工具都是怎么被使用的，又是如何被加工的，有没有特定的地方保存？④根据需要如何进行修理？⑤在祭祀仪式上有没有使用竹工具？

1. 2.
3. 4.
5. 6.

图 1　满目竹绿的村落风景

图 2　篓

图 3　竹筛

图 4　簸箕

图 5　竹夹

图 6　竹盖

另外，在调查中经常会看到采伐来的竹子被捆在一起堆在房屋旁边的风景，还看到很多在制作中或者已经完成的竹制品（图2～图6）。这些都有什么作用？其答案都"藏"在当地生活者的头脑中。今后应该通过更详细地听取调查，明确这些未解的问题。

但是，有一点是可以明确的，即从竹纸以及众多的竹制品中体现的当地"以竹为主的造物文化"。因此，对于该地区，不仅仅是作为产业的竹纸，还应该重视这些以竹为本的造物文化。在今后探讨以手工艺为基础的地域创生时，生活完全与共生的文化也应该得到瞩目。

另外，在这次调查中，笔者了解到状元纸坊与大千纸坊用来抄纸的纸帘，是以竹子为主要材料，由邻村的纸帘匠人制作的一种极其细致的工具。很遗憾，这次笔者无法前往调查，无法掌握纸帘是如何制造的。但是，这也证明了造纸这项工艺是超越了村落这一行政的地理概念，是村落内外的人们一起协作完成的一项事业。在今后的传统工艺以及乡村振兴中，应该认识到这样超越行政空间的关系，进而创造性地进行展开。

（二）竹纸材料的培育

在该地区的竹纸制作中，当地人曾经首推"白夹竹"作为造纸的原料。利用白夹竹作为原料的竹纸与其他竹纸的纸张相比，有许多优点。但是，由于近代的大量生产中的过度采集与工厂建造等对当地自然的影响，[5] 白夹竹的身影已经无法在本地域找到了。

手工制造材料常常与该地区的空间性密切相关。日本的很多和纸产地，仅利用自生的素材进行纸张生产的地区很少，多数情况下，当地的从业者都会栽培材料。笔者推测，该地域的白夹竹也未必全部为自生，某种程度上是由当地人栽培打理的。虽然该地区全域恢复栽培未必是可行的，不过，肯定还有适合白夹竹生长的特定空间。这一空间包括土壤、日光、水分、气温等。造物与地区本身有着剪不断的关系。今后，根据对该地区老人的访谈调查，将以前白夹竹是怎样栽培与管理等情况详细地记录下来，有助于该地区今后竹纸文化的再生。

（三）适合制作竹纸的房屋

当地造纸工坊的平面图（图7）。现今的状元纸坊规格，一楼是工房，二楼是居住空间。据说在竹纸产业兴盛时期，曾经一天生产700～800张。[6] 图7中用红线标示的部分，主要是用于干燥抄好的纸张的墙面。墙面是用当地的材料制成的，表面非常光滑。抄好的纸张一套7～10张，以叠加的状态贴晾在墙面，被整齐贴晾的纸

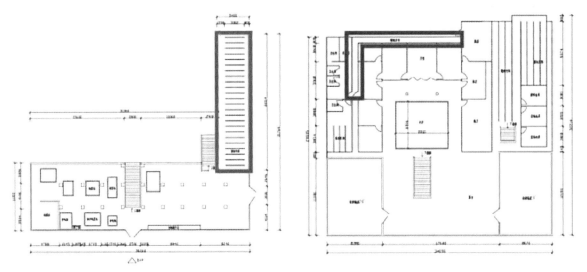

图 7　当地造纸工坊的平面图（王佳毅制图）

张排列在一起的景象很美，是在当地的生活方式运作中所产生的特有的景观。另外，据说，为了整齐地贴晾纸张，需要熟练的技术，与其他的工种相比，工资相对较高。[7]

　　另外，除上述的墙面外，作为居住空间的墙壁也具有同样的功能。也就是说，整个房屋都被设计为可以根据需要，将所有空间转用为竹纸干燥的生产空间。图中蓝色线所表示的部分通常用于存放物品，但遇上需要处理大量纸张的情况时，则作为竹纸的干燥场地发挥作用。

　　以这次调查地区的房屋为例，可以深刻地感受到生活者的创意智慧：最大限度地利用有限的居住空间的同时，将工作空间和居住空间完美地统合在一起。

（四）水的活用

　　该地区的水资源十分丰富。然而，据调查，竹纸生产的用水是很有讲究的。在状元纸坊中，实际上一共有三口井，它们根据纸的品质区分使用。[8]譬如，从近山侧的井中采集的水用于比较高级的竹纸的生产，而位于下游的井水则被用于相对低质量纸张的生产，中流的井水应该就是生产中等品质的纸。这样，水的物质性质姑且不论，空间性的"上""下"的关系，与生产的竹纸的质量的高低相对应的情况很有趣。在这里，也能窥见当地人对空间所持有的态度。

　　但是，关于各自被赋予了怎样的称呼，是怎样的汲取方式，还有，水的性质具体又有怎样的差异，具体的是怎样被维护管理的，还没有机会去了解。今后的调查应该去更具体地考察。

　　在日本，如果是生产活动中使用水源，一般会在那个水域设置祠堂，供奉水神。

年末，会备上镜饼，在凸显神的存在的同时，向其表示感谢之意。夹江县有没有举办同样的活动呢？即使今天没能见到，也应该最大限度地去了解这些情况。

（五）生活中纸张的活用

在该地区的竹纸出货时，一般会剪掉纸张的边角部分使之成型（图8）。因此，产生了许多边角料。这些边角料被返回至原料，再次作为抄纸用的纸浆，或者作为样品提供给来购买纸张的客人，可以从中观察到即使是边角料也被合理使用，资源循环是贯穿始终的。可是，那样的边角料，当真就没有其他的使用方法了吗？那么，这里有什么使用的禁忌吗？或者，如果是孩子，应该可以比较自由地使用少量吧。另外，难道没有像日本的隔扇或壁纸那样的活用方法或是被用来制作像纸糊玩偶那样的玩具或是"纸币"那样用于祈祷的媒介用法吗？

像这样，在探讨如何在该地区的生活中灵活运用竹纸的各种方案的基础上，还有很多的情况需要去了解。

（六）铁器

图9是用于切割纸张的铁器割纸刀。这是承袭传统造纸至今的状元纸坊中，依旧使用着的铁器。另外，在工业竹纸制造工厂里，也依然在使用这种"割纸刀"。此外，图10是当地女性在加工竹纸材料的过程中所使用的铁耙。这些铁器扎根于生活中，

图8　割下来的端纸
8.9.10.　图9　纸工厂里的割纸刀
图10　铁耙

如实地反映了农村铁匠文化延续至今的可行性。这些铁器是由谁如何打造的？又承载了怎样的人际关系？为什么打造成那样的形状？又是怎样被保养的？此外，这些铁器的打造者是否同样也是制造了该地区涉及生活各个方面的菜刀、农具等铁器制作的打铁匠？这些与竹纸生产相关的各种工具的品类以及相关的使用方法、收纳方法、废弃方法等都需要我们去了解。

（七）竹与饮食

该地区的竹子不仅仅用作制作竹纸，与饮食也息息相关。在这次调查过程中，笔者有幸品尝到了称作"糖豆"（图11）、"豆花"（图12）的菜肴。另外，通过访谈调查，我们明白了竹笋作为食材的食用方法，以及其与竹林里生息的昆虫的联系。

"糖豆"是通过石灰水煮过的玉米再加砂糖炒出来的零食。在调查中，我们刚好看到了在造纸的现场贩卖糖豆的老人，她将从篁锅中取出竹料时带出的石灰收集起来。现在也许并非如此了，但据说从前就是用篁锅带出的石灰来做这糖豆。循环使用制作竹纸使用过的石灰来制作的菜肴，大致是按以下顺序制作的：①将成为纸材的竹料从篁锅中取出时，妇女会收集与竹料一同煮锅的石灰；②将收集的石灰用水煮开，再用这汁水来煮玉米；③将煮好的玉米晒干，加入砂糖翻炒。以这道菜肴为例，应该还有其他活用竹纸材料制作的菜肴。

"豆花"是一种在竹纸制作过程中，如果不招待众人食用，则"造出来的纸就不白"的菜肴。在采访当地参与竹纸制作的居民中，得到了"最喜欢的是豆花，其次是肉"这样的回答。在制作竹纸这样的艰苦劳作中，劳作者全员一起享用当地最美味的食物，让我们解读到制作竹纸不仅仅是单纯的劳作，也是对于构筑生活者之间的人际

11.12

图11　糖豆
图12　豆花

关系有着重要意义的活动。

另一方面，"笋子虫"是一种栖息在这个地区竹林里的昆虫。据说孩子们常常抓它们玩耍。另外，还有油炸"笋子虫"的吃法。该地居民可以分辨 10 多种竹子，并且掌握了正确的使用方法。我们发现从小在竹林中玩耍，通过与自然和竹子的互动，能够学习到如何合理地使用竹子以及竹林。

由此可见，当地的竹纸文化也对饮食文化影响深远。

（八）全民参与与全体活用

在该地区，从竹纸的材料采购到制作成纸张，都是由当地的生活者齐心协力完成的。从现地调查可以得知，竹纸的制作工序中，每个人都发挥着各自的作用，当一个纸坊制作竹纸时，周围的人也会来协助完成。也许，正是因为当地全民的参加，当地的造纸活动才得以实现与延续吧。在这种情况下，此次的调查中未能见到孩子们的身影，实在让我们有些遗憾。

制作竹纸时，需要将原材料竹子接连数日地浸泡于混合了石灰的水中，再放入篁锅中接连数日地煮沸，至其变得柔软。这些从煮过的竹料上打下来的石灰，并没有被丢弃，而是被收集起来另有他用。通过这种方式，在该地区能够窥见一物全体活用、资源循环的生计方式：即使是加工竹纸材料时所产生的副产品也被尝试着得到使用。应该好好地记录下这些在人们的生活中形成的无形智慧，并将这种文化传达给后代。

（九）传承的方法论

该地区纸张生产技术在过去是如何传承的？我们想掌握这种传承的方法论。例如：如果存在一个收学徒的训练系统，什么样的人怎样才能被选入？又是怎样传承下来的？竹纸的生产实际上涉及了许多不同的工种，这些工种的任务分配又是怎样决定的？

另一方面，通过访谈当地的工匠，得知很多人都是从小就开始接触作为家业的造纸活动。从这一事实中我们不难发现，当地的孩子们是从小就自然而然地看着造纸的身影成长起来的。在造纸的现场，难道就没有使他们自己寻找乐趣的事情吗？我们难道不应该去调查这样的事物吗？

（十）产业遗产

在该地区的调查中，曾经用于造纸的各种工具与设施在今天看来是难得的"遗产"。笔者以"产业遗产"的观点来整理归纳这些工具与设施是如何被使用的。通过这样的学习与整理，最终将这些资源的位置标记在地图上，实现这些资源的外显化。从而，以"旅游观光"的角度，将这些得到外显化的资源，变为这片地区内外的人们所能共享的媒介。

三、提案

基于上述的调查结果，就今后这一地区传统造纸发展总结出以下几点提案。

（一）传统造纸方法的开放体验

传统的竹纸制作是很了不起的经验。从竹纸制作的竹料准备开始，推广让孩子们观摩、参加、体验是极为重要的。不只是需要传承抄纸、贴纸的技艺，还要将造纸的不易和长辈们合力克服造纸过程的艰辛展示给下一代。另外，在造纸过程中没有浪费，一物全体活用和资源循环的智慧等需要传递给下一代。特别是竹材育成和采集的现场也一定要开放给孩子们观摩。

（二）产业遗产的整理与观光的联动

曾经作为竹纸产业兴盛的证明，村落各处都还残留着造纸的设施。虽然其中有几处石槽现在被当地人用作储水或者小菜圃（图13），但是，大多数还是被荒废掉，杂草丛生。这些荒废的石槽等造纸设施见证了往日这里的繁荣，是横亘在时间轴上不可多得的资源，何不将它们的整体位置整理出来作为产业遗产呢？至少作为当地的地区教育的一环，可以通过这些石槽的位置整理出当时村子的容貌，也给志在恢复传统竹纸工艺的青年提供现成的设施作为参考，更可以将它们作为当地特色旅游的景观进行利用。

（三）白夹竹的栽培

据笔者所知，在日本众多的和纸产地里，并没有哪个地方是靠自生植物就能满足原料供应的。满足规模造纸的材料都是经过当地人细心栽培的。而这些材料的栽培方法，适合的区域、环境的条件要素等知识当地的老人是掌握的。通过调查将老人们记忆中关于传统造物的材料、具体位置和做法等整个过程记述下来，使地区复兴的可能

图 13　利用废弃纸槽的花圃

性提高。当然，现在使用的材料不能一下子恢复到传统，但是，通过一点点的实践，将传统循环恢复是可能的。

（四）竹纸生产的空间与工具信息的积蓄

如上所述，不仅是材料，也应该对水井的位置与不同的名称、维持与管理的方法、或是切纸刀等工具的信息进行收集、储存与共享。而且通过这些事实，也可以称为"媒体"的整理，会自然呈现出当地的人与人的关系来。今后再讨论当地整体的乡村振兴时，应当着眼这种通过工具联结的人与人、人与物的关系。

（五）竹制生活工具

在调查的地区，造纸是其主要产业，但笔者却在短暂的调查行程中深刻地感觉到，竹纸只是当地人活用竹文化的一个组成，或者说是在其他竹的活用文化的基础上培育了传统竹纸的文化。将追求竹纸利益最大化的视点转化为重视该地区整体上"与竹共生"的文化视点，是十分必要的。

（六）与食文化的联结

在本研究中，不仅掌握了当地人按照不同种类的竹子，活用做各种竹制品的事，也听闻了许多与食文化相关的生活智慧。这些食文化无不例外地是当地生活文化的重要一环，并且与竹纸文化密切关联。这些与竹有关的多样领域的相关文化是现今值得关注的。

四、结语

这次调查充分地看到了这一地区过去形成的资源循环型的生活文化。这样的文化成果也是使这个地方作为竹纸的产地名扬千里。所以，希冀这个地区将来的发展也继承自然材料的合理运用与全民参与这一传统。

这次于四川省乐山市夹江县马村乡的地域活性化的调查，还处在 FDW 的初期阶段。"到野外学习生活"，并通过向生活者发问，一起去关心并创造当地生活的设计实践，才刚刚起步。

本稿通过对四川省乐山市夹江县马村乡开展的 FDW，发掘了当地资源，并针对各个资源大类提出了设计展开的方案。

需要强调的是，这次的 FDW 仅仅是个开端，今后还有亲赴当地、通过与生活者交流的深化、共同探讨当地资源活用的方法，以及基于此的当地生活创造性活化的方案，并将这些提案一点点付诸实践。提案不应停留在纸面上，FDW 的目的是通过调查与提案的实践，培养出当地地域活性化的可持续性。

由衷地希望本文中提及的设计展开方案，能在接下来进行的 FDW 中得到具体落实。

【注 释】

[1] 夹江县概况，夹江县人民政府网（引用日期2019-05-28）。

[2] 谢亚平．四川夹江手工造纸技艺可持续发展研究 [D]．北京：中国艺术研究院，2012.

[3] 竹纸制作技艺，乐山市文化馆网站（引用日期2019-05-28）

[4] 谢亚平．四川夹江手工造纸技艺可持续发展研究 [D]．北京：中国艺术研究院，2012.

[5] 状元纸坊工艺介绍人A女士（年龄不详）介绍。

[6] 状元纸坊晒纸工B女士（66岁）介绍。

[7] 同上。

[8] 大千纸坊传承人C先生（年龄不详）介绍。

[9] 当日来状元纸坊参与打竹麻的D女士（63岁）介绍。

四川省乐山市夹江竹纸的纸张特质分析

吴竹雅　土屋笃生　高木友贵　植田宪

摘 要

　　作为首批被列入国家级非物质文化遗产名录的传统制造技艺，夹江竹纸因其纸质绵韧平整、洁白柔软，在业内享有极高的赞誉。本研究旨在利用科学实验方法分析比对夹江手工造纸产品和现代机械造纸产品的异同，以此揭示夹江竹纸的纸张特性，并明确两种不同的工艺手法对夹江竹纸的纸张特质所产生的影响。

关键词

　　竹纸；纸张；夹江；马村乡

一、夹江竹纸概要

夹江县隶属天府之国四川省乐山市，是乐山市的北大门。夹江县自古以来造纸业兴旺，其历史可追溯至唐朝，距今已有一千年。这也是日本人把从中国传入的纸张统一称为"唐纸"的原因。它的纸面光滑平整，墨色晕染稳定，相较用传统原材料楮树或是结香制成的手工和纸，唐纸更洁白细腻，并且经过岁月风化后不显枯黄。因此，一直以来作为高级书画用纸备受书画家的青睐。近期有媒体报道：通过研究发现狩野派画师狩野元秀于16世纪绘制的日本国宝级文物——日本战国时代武将织田信长画像就是使用竹纸作为绘画用纸（图1），这一报道让大众的目光再次聚焦在了竹纸这项历史悠久的传统工艺上。

图1　纸本着色 织田信长像
图2　马村乡工坊的煮料场景（植田宪摄）
图3　马村乡工坊的抄纸场景（张夏摄）

二、实验样本以及实验方法

本次调查所到访的马村乡位于夹江县城北13千米，它作为竹纸的产地享有盛名（图2、图3）。此次实验所选样本均出自马村乡，且本研究将区别于

以往多从主观经验角度出发进行考察，采用科学手法进行实验分析，尝试用科学理论解释夹江竹纸的特质，旨在帮助人们重新认识和发现传统手工竹纸的魅力与价值。

（一）实验样本

本实验选取从夹江县马村乡收集到的 12 种竹纸中具有代表性的 4 种作为实验样纸（表 1），对这 4 种样纸分别进行了纸张成分分析、纸张抗拉强度测试，以及纸张表面观察三种实验。

（二）纸张成分分析

有关本次 4 种样纸的纸张分析，笔者委托日本制纸检查系统进行专业实验分析，得到表 2 的数据。此外，有关样纸 A 的纤维定向排列角分析，由于受样本本身尺寸所限，所以未能顺利得到数据。

表 1　有关实验样本的详细情况

	A	B	C	D
样纸照片				
样纸类型	生宣纸	生宣纸	生宣纸	生宣纸
原材料竹纤维的种类	竹浆板（使用竹子的种类不确定）	苦竹蓑草	苦竹蓑草	不确定
制作方法	机械造纸	手工造纸	手工造纸	手工造纸
是否漂白	使用化学药品漂白	使用化学药品漂白	没有	没有
制作时间	2018 年 12 月	2018 年 11 月	2018 年 11 月	1980 年前后
制作场所	金华村蜀星工厂	状元纸坊	状元纸坊	石堰村

表 2 纸张成分分析实验结果

内　容			A	B	C	D	备　注
单位面积重量		g/m²	52.0	33.4	29.2	37.2	JIS P 8124
厚　度		mm	0.124	0.123	0.104	0.121	JIS P 8118
密　度		g/cm³	0.42	0.27	0.28	0.31	JIS P 8118
正面 pH 值（指示剂法）			6.6	7.0	6.0	6.4	JAPAN TAPPI No.49-2
正面 pH 值（指示剂法）使用光老化试验仪 4 小时照射后			6.4	7.0	6.0	6.0	
纤维定向排列角 [1]	正面 /MD	度	—	1.56	-12.30	33.86	—
	正面 /CD	度	—	-2.21	-24.63	29.00	
纤维定向排列角	反面 /MD	度	—	15.65	20.85	-34.00	
	反面 /CD	度	—	12.03	20.39	-27.19	
卡巴值 [2]			1.18	2.52	8.93	34.50	JIS P 8211
木质素含量		%	0.17	0.37	1.31	5.07	—

（三）纸张抗拉强度测试

本次纸张抗拉强度测试在恒温 23℃，恒湿 50%RH（相对适度 Relative Humidity）环境下进行（图 4 ~ 图 6）。

在实验设计阶段，原本所有实验样本必须符合 JIS P 8113 所规定的两种形状与尺寸（宽度为 15±0.1 mm 或 25±0.1 mm，长度为 180mm±1 mm），但经过预备实验发现规定形状尺寸的样本在施加拉力后靠近钳口处容易出现断裂，并不能采集到有效数据。因此，出于多重考量，决定放弃原先样式采用平板形状进行实验。此外，有关样纸纸纹方向的样本采集，原本打算分顺纹（与抄纸竹帘方向平行）与横纹（与抄纸竹帘方向垂直）两个方向制作实验样本，但由于受实验样纸尺寸所限，本次实验样本全部使用横纹方向的纸张。在条件允许的情况下，对样本 A，样本 C 进行了追加实验，制作了宽度为 10 mm，长度为 65 mm 的矩形顺纹方向实验样本进行垂直方向的抗拉强度测试（图 7 ~ 图 9）。本实验使用日本株式会社岛津制作所生产的 SHIMAZU EZ-S 型号仪器，采用恒速拉伸法，设定拉伸速率为 20 mm/min（遵照 JIS P 8113）。数据分析软件使用 SHIMAZU TRAPEZIUM X，得到以下（表 3）数据。

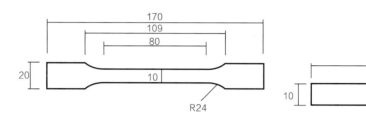

4. 5. 6.
  7. 8.
    9.

图 4　纸张抗拉强度测试
图 5　光学显微镜分析
图 6　光学显微镜分析
图 7　横纹方向样本规格
图 8　顺纹方向样本规格
图 9　抗拉强度测试结果

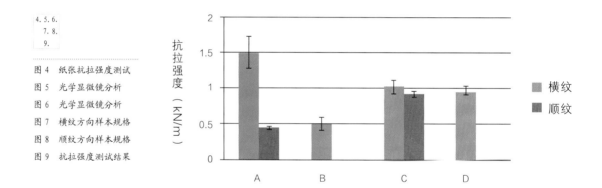

表 3　各实验样本抗拉强度的平均值（平均 ± 标准偏差）

	A		B	C		D
	横 纹	顺 纹	横 纹	横 纹	顺 纹	横 纹
平均（KN/m）	1.505	0.448	0.501	1.019	0.928	0.971
标准偏差（KN/m）	0.220	0.017	0.089	0.102	0.044	0.0

（四）纸张表面观察

纸张表面观察实验使用光学显微镜（KEYENCE 产，型号 VHX-1000），从实验样纸中随机抽取样本分别进行 100 倍率和 200 倍率的观察（图 10）。

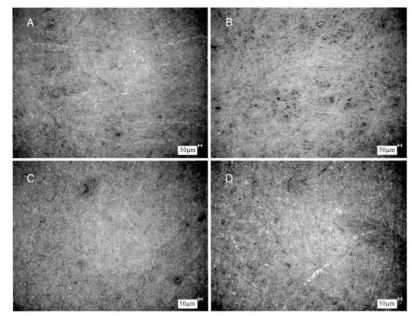

图 10　通过显微镜观察到的
样纸表面放大图像

三、实验结果分析

（一）手工竹纸的柔软度

　　一般来讲，机械造纸相较手工造纸而言，纤维被叩解的程度更高。叩解程度的高低在很大程度上影响纤维间的结合力，随着叩解程度增大，纸张纤维间的结合力也会有所提高。通过对比实验样本可以发现，手工竹纸样纸 B、C、D 对比机械竹纸样纸 A 密度更小，见表 4 的数据。

表 4　样纸厚度与密度值

		A	B	C	D
单位面积重量	g/m^2	52.0	33.4	29.2	37.2
厚　　度	mm	0.124	0.123	0.104	0.121
密　　度	g/cm^3	0.42	0.27	0.28	0.31

　　除此以外，原材料纤维的粗细也是影响纸张密度的重要原因。样纸 A 使用相对粉碎化的竹浆板作为原材料，对比手工捣料的样纸 B、C、D 来说，纤维更加细短，推测这也是其密度大的原因之一。

　　山内龙男指出手工和纸本身较低的弹性率、密度和厚度决定了其特有的柔软手感。因此，我们推测相较机械竹纸样纸 A，手工竹纸 B、C 和 D 更柔软的原因与低密度有直接关系。此外，干燥方法的不同也在很大程度上影响纸张的柔软度。样纸 A 采用滚筒式直接高温加热的干燥方式，对比样纸 B、C 采用将湿纸张贴在墙壁上通风阴干的干燥方式，样纸 A 受热干燥速度加快，纸张本身含水量降低，因此，样纸 A 相较样纸 B、C 纸张柔软度更低。由此可以看出，原材料、叩解程度、干燥方式会对夹江手工竹纸的柔软度产生直接影响。

（二）抗拉强度差值

首先，横纹方向上的抗拉强度测试结果显示，样纸 A 为 1.505（KN/m），在四个样纸中数值最高。而样纸 C 则为 1.019（KN/m）。此外，平行对比样纸 A、C 在顺纹方向上的抗拉强度，样纸 A 为 0.448（KN/m），而样纸 C 为 0.928（KN/m）。与样纸 C 在两个方向的抗拉强度方面呈现平衡状态有所不同，样纸 A 在不同方向上的抗拉强度差值尤为明显。推测其原因，在于纤维在制作过程中产生了定向排列。纤维的定向排列主要由叩解程度和抄纸方法的不同而决定，而样纸 A 则是在湿纸脱水以及干燥过程中产生了纤维的定向排列，且由于原材料使用竹浆板所以纤维被叩解的更加细碎，在抄纸过程中，也更加容易产生纤维定向排列的倾向。

（三）夹江竹纸的保存期

本次采用的 4 种样纸的酸碱值都在 6～7，全部呈现中性，因此，非常利于长久保存。说到纸张劣化的原因，不得不提的是纤维素和木质素的氧化降解。通过对比样纸 A 和样纸 B、C，我们发现使用光老化试验仪紫外线 4 小时持续照射后，只有样本 A 的酸碱度下降。通过实验可以观察到紫外线光照会直接导致纤维素、半纤维素的聚合度降低。综上所述，可以推测，干燥过程中加热会引起纤维的劣化，以及漂白时使用强效化学药品，会进一步促使纤维素发生解聚反应被氧化降解，从而导致样纸的酸性化。

其次，通过纸张成分分析结果可以发现，样纸 A 含有 0.17% 的木质素，样纸 B 含有 0.37%，而样本 C 则为 1.31%，三者的木质素含量差值主要由于漂白过程中使用的漂白剂强弱之差产生。与此同时，与前三者形成鲜明对比的样纸 D 的木质素含量则高达 5.07%，通过肉眼观察，可以发现样纸 D 纸张明显泛黄呈茶色，这是由于经年累月，保留在纤维中无色状态的木质素被氧化后还原褪色成了原本的木色所造成的。

（四）墨的晕染

样纸 A 本身纸质密度较高，纤维之间空隙相对较少，而样纸 B、C、D 密度相对较低，纤维之间空隙相对较多，因此，可以推测后者的浸润度更高。

众所周知，墨水的渗透晕染在水平和垂直方向上有一定的时间差，墨水接触到纸面后，会先因重力原因向垂直方向渗透，当到达底端后再往水平横向晕染。也就是说，纸张越薄，墨水越容易晕染。4 种样纸中，样纸 A 最厚而样纸 C 最薄，结合光学显微镜观察的结果可以发现，样纸 B、C、D 相较样纸 A，保留的纤维长度更长。在 3.2 的抗拉强度测试中可以看到，相较有明显纤维定向排列倾向的样纸 A，纤维呈散射状排列的样纸 C 更容易促使墨水沿着纤维扩散方向发生晕染，综上所述，可以判定，样纸 C 浸润效果更好，墨水的渗透晕染更加平均，这也侧面证明了夹江竹纸浸润保墨的特点。

（五）纤维结合方式

通过光学显微镜观察样纸表面纤维可以发现，与前文阐述相同，样纸 A 相较其他样纸纤维的定向排列倾向更明显。笔者推测，这是由于样纸 A 本身原材料纤维的过于细碎化所导致的，其余 3 种样纸纤维长度较长，这点在手工竹纸各方向的抗拉强度呈现平衡状态上也有体现。

此外，样本 B 相较其他样纸，纸张的密度差异清晰可见，这是由于手抄纸本身密度较低，加之进行了人工漂白过程，导致竹纤维原本就细弱的部分进一步受到损伤，这一影响在抗拉强度测试上也有显现。

另外，样纸 A 与 B 的厚度基本统一，但样纸 B 的密度较小，在显微镜下观察可以清楚地看到样纸 B 表面相对来说纤维间空隙更多更大。另外，通过对比样纸 B 与 C 可以发现，几乎相同密度的状态下，样纸 B 的厚度大于样纸 C，而显微镜下样纸 B 的纤维也分布在纵深方向上。

四、结语

有关夹江县所生产的竹纸，本研究通过科学实验分析得到以下几点结论：

（1）手工竹纸相较机械竹纸更加柔软的原因来自叩解与干燥工艺的不同。

（2）由于机械竹纸的纤维被分解得更加细碎和被敲打的程度更高，所以纤维间结合得更加紧密，也更加容易产生纤维的定向排列，因此造成机械竹纸在横纹方向上的抗拉强度增强，在顺纹方向上抗拉强度下降。而手工竹纸因为纤维定向排列的程度较低，所以在横纹和顺纹方向上的抗拉强度呈平衡状态。

（3）夹江竹纸 pH 值呈中性，非常利于长久保存。而纸张劣化的主要原因在于制作工艺中使用强效的化学药品造成纤维素的损伤以及木质素的氧化褪色，因此，手工竹纸和机械竹纸的优劣性不可一概而论。

（4）夹江竹纸浸润保墨的特点与其纸张密度、厚度、纤维定向排列程度低和原材料纤维较长有关。

（5）手工竹纸加入化学药品漂白，会加剧损伤纤维细微部分，从而导致纸张密度出现明显差异，而机械竹纸由于纤维更加细碎，所以受这部分的影响较小。

本研究通过科学实验分析，有效地揭示了竹纸品质评价过程中各方面的可靠性，重点研究了夹江县马村乡所生产的竹纸在手工造纸和机械造纸过程中，由于不同的工艺所带来的差别。部分实验样纸由于制作时间久远，制作方法和原材料的记载不清，所以存在一定不确定性，但笔者期待今后通过对当地原材料的选取与调配等方面的调查，进行多角度更加细致的科学分析，在原有的基础上深化明确夹江竹纸的特质。此外，本次调查回收到的 1980 年生产的竹纸由于其制作工程记载不完全，未能进行充分的实验分析。希望在今后的调查中，可以通过科学研究分析不同年代场所所生产的样纸，进一步明确竹纸的年代特征。

【注　释】

[1] 纤维定向排列角，一般将弹性模量最大的方向定为 MD 方向，最小的方向定为 CD 方向。

[2] 卡巴值是指 25 ℃时，一克绝干纸浆消耗硫酸性过锰酸钾溶液的毫升数。常用于通过测量纸浆中有机杂物（主要是木质素）的残量来评估蒸解过程。

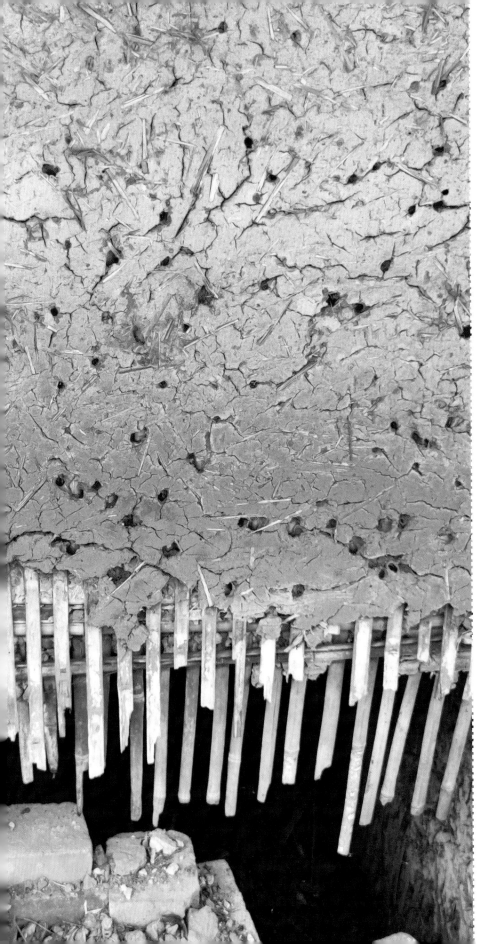

家庭手工艺生产改变生活空间

王佳毅　李皓

摘 要

自古以来，西南地区是我国重要的书画纸产地。四川夹江地区分布有大量的手工造纸村落，其中以马村最具代表性。本文基于对四川夹江地区手工造纸村落民居的田野调查，分析手工造纸民居的空间区位、尺度与建筑功能之间的联系。研究发现，四川夹江地区手工造纸村落民居包含生活空间和生产空间，且二者有明显的重叠关系。本文将重点阐述人与人、人与建筑空间、建筑与村落之间的关系。归纳出夹江造纸村落民居的生产空间特点：第一，空间利用率高，充分利用民居隔墙通道空间进行晾纸；第二，纸乡民居屋檐一般出挑较宽，形成灰空间，增加雨天匠人的活动范围；第三，空间灵活多变，各房间相互错位又相互连通。最后，提出夹江手工造纸工艺与其民居环境的系统性和生态性发展方向。

关键词

手工造纸；民居；生产空间；生活空间；分工

一、夹江手工造纸技艺与生产空间关系

空间环境是人类生存与发展的重要载体，任何物质文化和非物质文化都无法脱离空间环境的影响。过去，对于手工艺的研究多局限于对于工艺、技术和材料的研究，而忽略作为生产空间的建筑对其传承和发展的重要价值，以及传统技艺所扎根的自然环境和人文环境潜移默化的影响。"无论何种文化遗产都是特定环境的特定产物，抛开具体环境，文化遗产便会成为无源之水、无本之木。"[1]

四川省乐山市夹江县传统手工造纸是以家庭作坊为单位进行生产，内部家庭成员之间有序组织、分工明确（图1）。不同于一般传统手工艺的师徒制单向垂直的传承方式，以家庭为单位的传承能够在不同工序、不同生产场景中不断调整、优化生产组织关系，从而形成更稳定、持续的工艺延续。以夹江状元纸坊为例，通过研究发现，在传统造纸工序中，女性的参与范围非常广，例如，窖竹麻、打竹麻、刷纸、整纸等对于工艺要求较低的环节（图2）。蒸竹麻、煮料子的环节，男女家庭成员协同劳作，其中男性主要负责煮料子，女性在篁锅旁边负责洗料子。这个生产环节会伴随着竹麻号子，以此减少人在劳动中的枯燥感。整个工序流程与村民的生活空间紧密结合，除砍竹麻的地点距离居住空间远些，其他主要工序都分布在居住空间附近1 000米以内，抄纸、刷纸工序则直接在生活空间内完成（表1）。

1. 2.

图1　家庭成员相互协作蒸竹麻、打竹麻

图2　女性家庭成员参与造纸工序

表 1　夹江状元纸坊造纸工序、生产地点和劳动分工关系表
（以石川平孩子对长辈的称呼表述分工者之间的关系）

造纸工序	砍竹麻	窖竹麻	蒸竹麻	打竹麻	打滑子	抄纸	刷纸	整纸
生产地点	自然山林	坝子上的泡池	坝子上的篁锅	篁锅旁边的空地	一楼工坊	一楼工坊	民居建筑墙壁、晾纸房	一楼工坊
劳动分工	父亲、叔叔	母亲、婶婶	父亲与其他男性亲属	母亲与其他女性亲属	父亲	父亲	母亲、婶婶	母亲、婶婶

二、夹江手工造纸生产与生活空间布局

　　四川西部的村落民居聚落景观最典型的是林盘形式，土地分布在房前屋后，房子周围簇拥大片竹林。但是，夹江地区并不是这样的民居布局样式。生活空间和生产空间都与川西其他地区明显差异。夹江地区的村落民居依河流而建，地貌以丘陵为主，因生存技能（造纸）的需要，每道工艺都高度依赖水源。在过去，甚至曾出现村民为节省水的运输成本，直接截断溪流，从上游到下游依次分布造纸的各个泡池，给下游的水源带来了巨大的污染。民居建筑的生活空间与生产空间高度结合，大量利用室内外的建筑墙壁来作为纸品的加工地点，一方面，实现各生活空间的隔断；另一方面，也满足生产工序中晾晒手工纸的要求。充分利用已有资源，实现资源最大化的利用。从新农村建设政策实施以来，大量新农村建设项目在全国各地迅速蔓延开，许多设计师参照城市人居生活标准来设计乡村。其结果是，大量村民不能适应这种"现代新农村"，这是设计师忽视村民和生产空间的需要。调查发现，乡村居空间比城市居空间的要求更加复杂，如多数民居房前或屋后都会有一个晒坝，保证一天内最长时的太阳照射，村民以此完成晾晒谷物的需求（图 3 ~ 图 5）。

　　四川夹江地区造纸民居有其特点：第一是民居建筑空间利用率高，充分利用建筑隔墙通道空间进行晾纸。手工造纸工艺中，晾纸是重要的工序，将抄好的湿纸经过重物挤压脱水后，均匀地铺在特殊涂料的墙壁上，使之自然风干。每块同纸张大小的墙壁可以铺十到二十张。状元纸坊具备晾纸功能的墙壁类型包括三类：第一类是建筑物的分隔墙，位于建筑外侧；第二类是在专门设置的晾纸空间墙壁，形成间距 90 cm 的并排空间，这类空间两面墙壁都可以晾纸；第三类是在建筑外围隔墙再向内分割一个间距 90 cm 的通道空间。第二是晾晒的纸张需要阴干（图 6 ~ 图 8），不能直接裸露在阳光下，这要求房屋的屋檐出挑要比其他地区民居大。同时，也可防止雨水溅到晾纸建筑的外围墙壁。这样设计既能有效控制纸张湿度，也可以增加雨天工匠的活动范围，可以24小时查看纸张的干湿变化程度。建筑主体与周围自然界环境相互交融，形成的灰空间让人倍感亲近。夹江手工纸受到张大千在内的许多艺术家的喜爱，是因

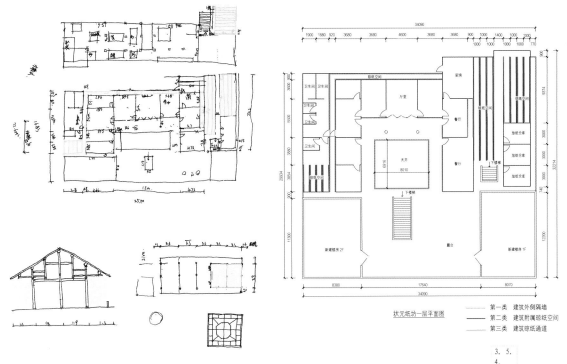

状元纸坊一层平面图

— — — 第一类 建筑外侧隔墙
———— 第二类 建筑附属晾纸空间
━━━━ 第三类 建筑晾纸通道

为在夹江马村乡自然因素的综合作用下，形成了独具特点的夹江书画纸。并且在造纸的过程中，会有很多不可控的因素影响纸的成色，如降水量、水质等，形成的纸会和其他年份不一样，甚至每张纸都会有细微的区别，就像艺术作品一样存在偶然性。夹江传统手工纸的生产空间就是村民日常生活的空间，造纸匠人的生活是融入生产过程中的，吃饭、睡觉、休息，都是依据生产时间、顺序所决定的，生活环境随着生产需求而发生变化，形成了独具特色的村落民居。第三是空间的灵活多变，各房间相互错位又相互连通。错位的一些狭小空间既能满足功能需求，也使房间方正利于使用。夹江手工造纸村落民居空间组织的最大特点是院落、天井、廊道系统纵横交错，循环往复，四通八达。晴不顶烈日，雨不湿鞋和脚，可走遍全宅各个角落，即所谓"全天候院落交通网络体系"[2]（图6～图8）。

3. 5.
4.
6. 7. 8.

图3 状元纸坊民居晾纸空间现场测绘手稿
图4 状元纸坊构架测绘手稿
图5 状元纸坊晾纸空间的分类
图6 纸乡民居利用出挑大屋檐，进行阴干纸张工序
图7 状元纸坊在建筑夹层空间晾纸
图8 状元纸坊屋檐出挑宽的建筑结构

三、夹江手工造纸生产空间的适应性改变

夹江县位于四川西南部,因两山夹一江,故命名"夹江"。青衣江从西北流向东南,将全县分割为面积大约相等的东西两块。夹江手工造纸始于唐、继于宋、兴于明、盛于清,距今已有一千多年的历史。其制作工艺沿袭古法,与《天工开物》中造纸的七十二道工序基本吻合。[3]四川夹江地区手工造纸坊是多以家庭为单位的作坊,这些家庭造纸作坊主要分布在溪流旁边,造纸的几十道工序都非常依赖水资源。

中国手工造纸技艺最久远的是安徽泾县地区和四川夹江地区。两个地区在同一纬度地带,地理特点主要是山地和低矮的丘陵地带,气候温和都属于亚热带湿润气候,降雨量都在1 000毫米以上,这种气候特点特别适合手工造纸的原材料——竹子、楮树的生长,从而也决定了这类型地区发展手工造纸技艺的独特自然资源优势。夹江地区的竹子种类非常丰富,其主要品种有水竹、慈竹、苦竹、苦慈竹等,20世纪90年代后,该地区手工造纸的主要原材料是慈竹和苦竹。

夹江手工造纸需要七十二道工序,制作过程复杂,文化价值非常高,但现实的经济效益相对而言较低下。在传统手工艺的发展过程中,手工艺人会根据不同时期的发展状况而调整生产规模、生产方式和生产空间。2018年,金华村从事手工造纸的作坊不足十家,其中影响最大的是国家级非物质文化遗产传承人——杨占尧的状元纸坊。[4]杨占尧先生以其最大抄纸丈幅而闻名于中国手工造纸行业,使得状元纸坊成为当地有名的手工造纸坊。如今因其传承人去世,状元纸坊的造纸技艺已不再是其鼎盛时期的水平,经营状况面临困境。尽管保留有两位专业的抄纸师傅,也继续手工纸的生产与产品开发。但是,由于机械造纸行业的迅速发展,导致手工纸的市场急剧压缩,市场竞争严峻,因此,状元纸坊也顺应时代潮流,开启手工造纸体验的相关服务。目前,状元纸坊接待对象主要是研究学者和对手工造纸文化感兴趣的游客团体。而原本"封闭"的造纸生产空间也逐渐开放,接受参观与体验,打破了传统的以家庭为传承纽带的工艺传承方式。尽管夹江手工造纸生产以家庭为生产单位,但是在面对家庭中男性家庭成员离世、短缺等问题时,生产方式会发生改变,与之相关的生产空间也会随之调整,这是夹江手工造纸行业发展的现实状况。在状元纸坊的二层庭院中,房屋墙壁四周都挂满生产流程介绍和相关的图片,并有专人进行讲解,以帮助参观者了解基本的造纸生产方式。原本的生活空间和展示空间,现在又成为一个开放的展示空间。至此,状元纸坊的空间格局可以划分为生活空间、生产空间和展示空间三种相互重叠的功能分区。特别是生产空间形成生产与展示的双重空间功能属性。

与此发展模式相似,但又有不同的是夹江县马村乡石堰村的大千纸坊。大千纸坊是因著名国画大师张大千先生为觅好纸,先后两次来夹江,深入马村乡,与造纸

大户石子清之子精心制作出"大风堂""蜀笺"等几种书画纸而闻名，并获称"大千纸坊"的名称。大千纸坊的空间分区与状元纸坊不同，它的生产和生活空间相分离，形成山下工坊，山上住宅的状况，两者之间相距约500米的直线距离。大千纸坊居住者位于山丘上的生活空间区域，现此地成为名人张大千先生曾经在此地的故居，因此也作参观与展示之用。名人效应为大千纸坊带来了吸引力和经济效益，而形成了与状元纸坊不同的发展模式，成为夹江地区手工造纸行业发展的另一种形式。

　　四川夹江地区手工造纸工艺与民居建筑空间，以及周围环境有密切关系。传统手工造纸的空间呈现出与传统民居的生活空间紧密结合的特点，随着现代纸行业的发展，传统手工造纸也在不断变化，空间分布也产生出新的功能划分。这种生产空间的变化背后是整个行业发展的表现，值得关注与思考。在保护和延续传统手工艺的过程中不应该局限于手工技艺，还需要深入调研承载手工技艺的物质空间环境，发掘手工技艺与人居环境背后深层次的相互关系。具有生产与生活空间高度结合的特色民居建筑及周边自然环境和传统技艺一样需要进行系统性、生态性的活态保护。尝试链接不同类型的资源，从工艺到空间环境，再到民俗文化进行全面保护与发展，让手工造纸村落的区域文化与记忆得以保留（图9～图11）。

9. 10.
11.

图9　状元纸坊室内结构

图10　大千纸坊晾纸空间（米静拍摄）

图11　大千纸坊生活与展示空间（米静拍摄）

【注 释】

[1] 张博. 非物质文化遗产的文化空间保护, 青海社会科学, 2007 (1): 34.

[2] 袁睿. 四川穿斗式木结构民居的宜居性改造研究 [D]. 成都. 西南交通大学, 2018.

[3] 陈虹利、韦丹芳. 西南民族地区手工造纸研究综述 [J]. 广西民族大学学报 (自然科学版), 2010 (4): 24.

[4] 谢亚平. "器"以载艺——四川夹江手工造纸技艺工具和生产空间价值研究 [J]. 装饰. 2014 (9): 96.

日本白川乡传统村落保护路径与模式思考

————— 李皓

摘 要

　　一张摄影获奖照片的背后是两三代人的不懈努力和各级部门的通力配合，是一个乡村半个多世纪的创新发展，也是一项传统民居建筑 300 多年的传承与保护。日本白川乡通过一张照片走红，而走红带来的结果是对本土文化的自觉和保护，开启了一个乡村近 50 年的观光旅游产业发展。"展示文化"是制造和推广地区身份的关键途径，而当地人对"被展示的文化"的思考成为现在及未来把握展示文化的尺度的重要方式。本文以日本白川乡传统乡村振兴的发展路径与模式为例展开研究，为中国乡村建设提供新的发展思路。

关 键 词

　　世界文化遗产；合掌造；乡村建设

图1 20世纪80年代摄影师拍摄的白川乡获奖照片

　　合掌村坐落在日本岐阜县白川乡的山麓里，因其传统建筑"合掌造"而闻名，1995年，白川乡被联合国教科文组织指定为"世界文化遗产"。20世纪80年代，一位摄影师拍摄了一张日本白川乡合掌村检查水枪使用情况的照片，获得了当年的摄影大奖（图1）。这张照片使得人们发现了白川乡独特的风光，从而吸引了大批观光者，成为白川乡村落发展过程中非常重要的一个转折点。发展观光旅游产业是现代乡村发展的一种通行模式。早在20世纪60年代，白川乡就已经有意识地开发生态观光旅游，但是，一直没有受到外界关注。这张照片也许是无意识的，或许是有意识的。但是，在它之后，白川乡的观光旅游产业逐步走上正轨，并发展起来。当地乡民发现，影像传播方式可以帮助他们吸引人流，提升经济发展水平。直到今天，在一些特定活动时期，如浊酒祭、民谣祭等，乡民会主动通知记者、摄影师前来，帮助他们宣传推广当地观光文化。

　　白川乡传统建筑形制——"合掌造"在当地文化中最具独特的旅游吸引力。这种类型的房屋建造于约300年前的江户至昭和时期，为了抵御大自然的严冬和大雪，当地乡民创造出的适合大家族居住的建筑形式。"合掌造"特点有二：一是屋顶为防积雪而建构成60度的急斜面，形状如双手合掌，因此得名；二是建筑是全木质榫卯结构。独特的建筑形制和地理气候使得当地存在很大的火灾隐患。当气温升高、空气干燥时，合掌造容易发生火灾。昭和 51 年（1976 年）9 月，该地区被日本文化厅指定为"重要传统建造物群保存地区"。经过讨论，当地乡民一致同意将收到的由政府发放的补助金，尽数用于防火设施的铺设。1977—1981 年，白川乡花费 2.73 亿日元在整个地区安装消防设施。其中，小町地区安装 40 毫米消防栓和 65 毫米排水枪59 个、65 毫米室外消防栓 34 个、40 毫米室内双口消防栓 28 个；五郎区安装 40 毫米消防栓和 65 毫米排水枪共 16 个；奥罗区安装 65 毫米室外消防栓 4 个。此外，白川乡地区还安装了一个可储存 600 吨水的水库以供消防用水。[1]

　　高度警觉的防火意识和巨额资金的投入使得白川乡成为日本村落中防火设施最完善、最彻底的地区。白川乡一年进行两次消防检查，以确保设施的正常使用。摄影师拍摄的这张获奖照片就是消防检查时期白川乡几十个 360 度旋转水枪同时喷水形成的独特景象。由于人们对"他者"的好奇心理给白川乡的发展带来新机遇，希望可以通过"展示文化"的方式促进旅游业的发展，而这也使其成为"被展示的文化"。[2]

　　"被展示的文化"概念是贝拉·迪克斯（Bella Dicks）在《被展示的文化——当代"可参观性"的生产》中提出的，他阐述了观光旅游业与地方文化之间的联系，以及这种"生产方式"可能会影响文化展示区民众的生活与利益，对此提出了质疑。白川乡的发展模式与书中提到的"现代'可参观性'的生产方式"本质上是相同的，即通过文化展示实现发展。尽管贝拉·迪克斯提出的担忧在白川乡发生了，但是，从一个以农业发展为主的传统村落发展到日本"四大秘境"之一的国际观光胜地，白川乡没有在遇到阻碍和质疑时放弃这种通过文化展示推动乡村建设的发展方式，相反，在经历了文化觉醒、文化传播、文化反思等阶段后，形成了适应地区建设的一套自我生成的发展体系。

一、传统村落应对现代社会转型的自我意识

　　第二次世界大战结束后，日本仅用 10 年时间就迅速恢复到战前经济水平，完成了重建工作。1960 年，日本社会进入了"二次工业化"时期，经济高速增长。白川乡虽地处偏远，但也受到了国家政策和发展的影响。20 世纪 50 年代以来，白川河流沿岸兴修水电站，导致部分乡民迁移住宅，新式的建筑样式开始出现在白川乡。在新旧文化交替时期，白川乡的乡民渴望居住现代化住宅，享受现代生活。但是，由于政

府补贴新建房屋的资金十分有限，因此，多数人家仍保留了传统住宅的形制。经济落后的残酷现实恰恰保护了该地区传统文化的样式，此时，白川乡乡民们并没有意识到自己拥有的民居建筑的文化价值，导致 20 世纪 60 年代出现乡民售卖"合掌造"建筑给外来人的情形。由于外来人口的介入，改变了原本以农业为生产方式的白川乡，出现了日式酒家、商店等新兴业态。白川乡的"传统"受到了来自现代化的挑战。一方面，乡民的收入方式发生改变，刺激了当地人；另一方面，也有一部分人陷入了深深的思虑中，以村长野谷平盛、乡民板谷静夫氏和山本幸吉氏为首的人们开始思考白川乡的生存和发展，以此为契机启动了"合掌造"建筑的保护运动。[3]

20 世纪 70 年代，多数国家逐渐向现代化国家开始转型，工业文明在这一时期快速积淀，与此同时，各国开始关注到人类发展千年形成的文化遗产与自然遗产正在逐渐消失。一些发达国家率先开始了文化保护和自然保护运动，白川乡乡民们在这个时期也开始重新审视自己所处地区的文化资源。通过学习，逐渐意识到"合掌造"传统民居的文化价值和保护方法。1971 年，成立了"白川乡荻町部落自然环境保护会"（民间组织，简称"保护会"），颁布了《白川乡荻町部落自然环境保护居民宪章》。这在当时是极为难得的举措，因为传统民居建筑在日本长期以来并没有被认为是"文化财"（日本"文化遗产"的称法）的保护对象。1975 年，民居才被指定为"重要的有形民俗文化财"。值得注意的是，1972 年，《世界遗产公约》在联合国教科文大会上通过，以公约的形式明确了文化保护的制度与评价标准："文化遗产包括，从历史、艺术或科学角度看在建筑式样、分布均匀或与环境景色结合方面具有突出的普遍价值的单立或连接的建筑群。"该项公约于 1976 年正式实施。"……该国领土内的文化和自然遗产的确定、保护、保存、展出和遗传后代，主要是有关国家的责任。该国将为此目的竭尽全力，最大限度地利用该国资源，必要时利用所能获得的国际援助和合作，特别是财政、艺术、科学及技术方面的援助和合作。"《世界遗产公约》的颁布，对推进世界文化遗产的发展起到关键作用，为寻求发展的白川乡带来了重要指引。

落后和贫穷往往会使得人产生自卑感，进而带来对自身优势的不自知，这成为多数地区发展前期的主要问题。在本地传统文化与现代生活矛盾的情况下，文化判断成为选择发展方向的重要影响。白川乡乡民在 15 年间，在政策指引下，形成了对本地建筑文化的自觉意识，重新审视自己的生活环境与生存方式。试图用一种新的方式来实现当地村落的现代化发展。一方面，关注到自身发展的问题——传统产业致使经济落后；另一方面，也关注到自身发展的基础——本地特色文化，在发展中没有将问题与优势割裂开，尽管两者没有直接的联系，但是人们试图建立联系，使劣势转化成为优势，从而解决问题（图 2）。

图2　白川乡农田

二、在制造和推广地区文化中形成身份认同

1976年2月末至3月初，白川乡地区召开了多次乡民座谈会，主要目的是申请"重要传统建造物群保存地区"的问题征求全体乡民的意见。人们非常担心被选定后的各种规定和限制，给当地生活带来不便。经过沟通，乡民们最终达成了共识，大家一致认为："如果能被指定为传统建造物群保存地区，今后的观光客就会增多，这会有力地促进本地区的经济发展。"现实提供机会将地区的传统文化与生存困境联系在一起，呈现出一条看似可行的发展道路。为了吸引观光旅游者，白川乡开始改造传统建筑为"具备展示价值和参观性质的场所"，并通过改变室内空间设计提升地区旅游接待能力。在获得"重要传统建造物群保存地区"后的一年内，白川乡的旅游人数增加了10万人。在文化展示的过程中，白川乡的知名度大幅度提升。1995年12月9日，经由申报批准，被联合国教科文组织认定为"世界文化遗产"。至此，白川乡在村落发展过程中获得了身份认同，极大地推动了国际观光旅游业的发展。1993—2000年，仅8年时间，白川乡观光人数增加了682万人（表1）。

表1　1993—2000年日本白川乡旅游人数统计表

时间 / 年	日观光人数 / 人	留宿人数 / 人	总计 / 人	前年比 /%	备注
1993	468	87	555	80.9	—
1994	582	89	671	120.9	—
1995	674	97	771	114.9	—
1996	886	133	1 019	132.2	—
1997	980	94	1 074	105.4	—
1998	989	58	1 047	97.5	—
1999	1 003	57	1 060	101.2	—
2000	1 175	62	1 237	116.7	—

尽管被认定为"重要传统建造物群保存地区"后，当地乡民的生活确实遇到了一些麻烦，但是，这些"小麻烦"在生存压力面前显得没有那么难以接受。在《白川乡传统建造物群保存地区保存条例》中明确要求，当地乡民要改变（包括扩建、拆除和搬迁等）建筑物形态、土地用途、周围环境等都需要向保护会提交申请文件，之后通过例会审议，下达批文后方可实施。明确权与责是乡村发展过程中管理和被管理者做到上下通达的重要举措。白川乡1971—1999年共出台了六部规定和章程，其中四部

规定是不同时期关于《白川乡传统建造物群保存地区保存条例》的颁布和修订。总体而言，村规愈发严格，愈发细化，愈发强制性执行了。

缔结的严格村规条例（表2），使得白川乡的发展在一定程度上受到了规范。乡民们在村规中约定了"建筑、土地、耕田、山林、树木等不许贩卖、不许出租、不许毁坏"的"三不"原则。白川乡的乡民都有这样的共识：旅游开发不能影响农业的发展。由于当地山林繁茂，实际耕地面积并不广阔，因此，在发展过程中，尽量保持农作物的产量。

如何发展当地农业并与旅游观光事业紧密结合，是乡民面对的一大课题。通过村规，当地保留了大片的农田，并为了农业的发展控制建筑数量。2019年，白川乡在经历了30年的乡村建设和观光旅游发展后，仍保持了相同的村落面貌，这在现代乡村建设与发展中是非常独特的。

表2　白川乡例规集

例规名称	例规章程	例规细则
第1编　总规	第1章　村制	
	第2章　公告式、表彰	
第2编　议会		
第3编　执行	第1章　村长	事务分掌 / 代理 / 情报管理 / 行政手续 / 住民 / 灾害对策 / 生活安全 / 无线放送 / 国民保护 / 灾害补偿
	第2章　教育委员会（详情请见第7编第1章内容）	
	第3章　选举管理委员会	
	第4章　监察委员	
	第5章　农业委员会（详情请见第9编第1章内容）	
	第6章　固定资产评估审查委员会	
第4编　人事	第1章　定数、任用	
	第2章　分工、惩戒	
	第3章　服务	
	第4章　职员厚生	
	第5章　职员团体	

例规名称	例规章程	例规细则
第5编 给予	第1章 报酬、费用弁赏	
	第2章 给料、手当等	
	第3章 旅费	
第6编 财务	第1章 通则	
	第2章 会计	
	第3章 税、税外收入	
	第4章 契约	
	第5章 财产	
第7编 教育	第1章 教育委员会	
	第2章 学校教育	
	第3章 社会教育	
	第4章 文化财	
第8编 厚生	第1章 社会福祉	通则 / 儿童、母子福祉 / 老人福祉
	第2章 国民健康保险	
	第3章 介护保险	
	第4章 卫生	保健卫生 / 环境卫生 / 墓地、火葬场
	第5章 环境保全	
第9编 产业	第1章 农业委员会	
	第2章 农林、畜产	通则 / 农业 / 畜产 / 林业
	第3章 商工、观光	
第10编 建设	第1章 通则	
	第2章 下水道	
	第3章 土木、河川	
	第4章 建筑	
	第5章 住宅	
第11编 简易水道		
第12编 消防		
第13编 其他		

随着观光旅游产业的发展，白川乡乡民收入形式与当地产业结构发生了很大的变化。1995 年，"世界文化遗产"的确立成为发展的转折点。从 1995 年起，白川乡的第一产业总体呈现出衰落，第三产业呈现出增速发展的态势。当年整个村落的产业人口（总数 1 208 人）分布中，第一产业是 51 人（4.2%）、第二产业是 462 人（38.2%）、第三产业是 695 人（57.4%）。专业农户和兼业农户（指农户存在除农业生产收入之外的其他工资收入）的分化加快，一半以上的乡民成为白川乡文化展示过程中的推动者。在此过程中，乡民也随着产业发展而形成新的价值观念，成为地区身份认同过程中的核心力量。

三、面对展示红利，乡村共同体的反思

《白川乡传统建造物群保存地区保存条例》的缔结和三次修订是政府、保护会、乡民们通过不断沟通、协商后的结果。当地政府、民间组织与民众形成了"共同体"，共同决议乡村发展方向与具体事务。这是白川乡得以缓解"被展示的文化"所带来的环境危机的一个重要保障。白川乡"保护会"和村规的确立本质上是人类社会中"公"与"私"之间的权衡。乡村发展涉及的利益方众多，且关系复杂，问题没有得到妥善的解决，往往就是因为当中的利益关系没有被处理好。人在整个人类社会的发展中起到了决定性作用，同样在乡村建设中也是核心因素。当地人的意志与村落发展密切相关，而当地人的组织关系成为解决利益关系的突破口。单个乡民的力量十分有限，"保护会"的出现集结了白川乡的乡民力量，与当地政府形成可对话和可协商的组织群体。一方面，可以统一乡民意见，在解决问题中降低沟通成本，提高工作效率；另一方面，在协商和实施中充当第三方——监督者的角色，最大程度上保证了公平，避免因私误公的情况发生。

为了发展观光旅游产业，白川乡必须按照规定调整村庄的规划与基础设施建设，如村庄入口位置和当地住宿空间（安全卫生条件）等。当时，首先出现的问题就是防火设施的现代造型与当地传统风貌不符，要想办法解决。为了不影响当地村容，经过讨论决议，将水枪装入形似合掌建筑的外壳内，由乡民管理和维护。这一举措是本文开始展示的那张照片得以成名的一个重要的成因——维持了传统村落面貌。原本现代防火设施的出现影响了文化展示，但在经过乡村共议后，达成改建共识，政府出资，保护会监督，乡民管理和维护，使其成为一种新的当地景观现象。整体来说，白川乡"共同体"通过解决问题来一步步实现发展。在这个过程中，逐渐奠定下来该村落发展的相应规范，而这套制度体系是白川乡地区多数人的共识，适用于它自身的发展。

1995年，白川乡成为"世界文化遗产"后，吸引了大批游客。一开始，人们以为这里是主题公园，村落中的建筑可以随便参看，自由出入当地乡民庭院，极大地影响了乡民们的生活。虽然快速带来的旅游收益让白川乡乡民们非常欣喜，但是被"打扰"的生活方式也使他们开始反思：乡村这样发展是否正确？人们开始在自家门前立小牌子，上面写道：私人领地，请勿进入。此外，大型观光车辆的随意进出使当地环境受到了破坏，由于停车场面积有限，导致车辆乱停问题严重，据乡民上平重一回忆，一天最多的时候这里出入了250辆车。此后，白川乡又一次发挥民主的精神，集中讨论解决的方案，最后决议：大车早九晚四可以进入，其余时间不准进出。另外，在停车场与村落主体之间修建索桥，以此作为隔离。文化展示带动旅游产业发展，提升当地经济水平的方式本身是一个好的想法。但是，在发展过程中，要把握文化展示的"度"，这是平衡当地生活与旅游产业发展的一个重要的价值判断。而对其尺度的把握，则需要由当地政府和乡民协商实现，以保障大多数人的利益，降低展示文化带来的弊端。

一个微小的事件也许会推动一个地区的发展，对当地文化产生改变。但白川乡发展的背后是当地人对于地方文化的思考、保护和实践，它的发展绝不是一个偶然事件。一张照片的背后是两三代人的不懈努力和各级部门的通力配合，是一个乡村半个多世纪的创新发展，也是一项传统民居建筑三百多年的传承与保护。技术是推动社会进步的重要力量。白川乡通过一张照片而走红，得益于技术发展带来的传播方式的改变，使得信息传播突破了传统村落地理区位传播的障碍。而基于新技术的推动，地区发展带来的结果是对于本土文化的自觉和保护，以及对古典技术和现代科技价值体系的新评价（图3、图4）。

3. 4.

图3 白川乡实景
图4 白川乡乡民上平重一给游客讲解

【注 释】

[1] 贝拉·迪克斯. 被展示的文化 [M]. 冯悦, 译. 北京: 北京大学出版社, 2012 年.

[2] 才津佑美子, 徐琼. 世界遗产——白川乡的"记忆"[J]. 民族遗产, 2008 (1): 241.

[3] 同上: 244.

探寻传统造纸村落的内生动力

王璐

摘 要

在近代城市化与工业化潮流的全面推动下，乡村失去了原有的经济和社会文化体系，为了推动乡村全面振兴，如何将设计作为一种干预乡村社会的方法和手段，是一个值得探讨的问题。基于此，笔者在四川省乐山市夹江县石堰村进行了两次为期两年的人类学田野调研。在调研中发现，石堰村虽受到后工业化社会的影响，传统手工造纸技艺中的部分环节已被机器取代，但日常还保留着传统手工造纸时期的生活习惯、社交方式与生产性设备。村民通过日常的劳作与生活形态进行物质与精神的传承。在此过程中，基于经济与文化全球化以及"文旅融合"语境中进行了身份重建的尝试，即石堰村造纸文化传统的延续，老一辈造纸工匠群体的身份与职业认同。在调研过程中，发现村落老年化严重、造纸技艺传承力不足等传统工艺村落共有的一些问题。基于村落日常生活的观察与手工艺人的采访，发现石堰村造纸文化的认同存在于生活方方面面，但传统生活与现代化生产开始割裂，逐渐形成了后工业社会下乡村中新的生活生产形态，或者说，新的中国乡村匠人的存在方式。因此，在这一新形态下如何延续文化传统、传承造纸技艺、激发村落内生动力成为设计介入乡村建设的探索方向。

关 键 词

手工造纸；工匠群体；石堰村；内生动力

乡土文化作为我国传统文化的重要部分，潜移默化地影响着乡村人的生活生产方式。在乡村传统文化系统中，民间技艺是其日常生活中最为重要的活动，也是最能彰显族群认同、文化认同的重要的文化标签。笔者在石堰村断断续续进行了长达两年人类学的田野考察。在调研中，发现村中的传统手工造纸工坊越来越少，从事造纸相关的匠人群体缩小，年轻一辈放弃传统造纸技艺，外出务工，村落空心化等问题严重。但以造纸文化为代表的石堰村也受到了政府与社会的关注，越来越多的力量介入其中。为了重振乡村发展，探讨这个古老的造纸村落是否还有其内在的文化认同和内生动力是极其重要的。本文的研究内容是在外在文化影响下，村落主体对传统乡土文化的接受与保持。

一、技艺与村落的萌生

　　这是一个以宗族为血脉，靠传统手工造纸技艺发展起来的村落，以血缘、地缘、业缘关系维系的古村落——石堰村现在籍人口 1 093 人，369 户，石姓 659 人，从事家庭造纸的不足 5 户，与造纸相关行业的家庭占 15% 左右。20 世纪 40 年代，村里的 2/3 人口都在造纸，1995 年数据显示，石堰村有 1 305 名村民，365 个家庭，实际居住 310 家，有 139 个家庭在做手工造纸活动，占比 45%，24 个家庭在外从事与纸相关的生意，16 个家庭在造纸工坊中进行"帮忙"，这三种家庭加起来占 58%。[1] 由宗族血脉为背景的生活秩序和与造纸工艺相应的生产生活空间被建立起来。

　　石堰村位于四川西南部，夹江县城东南马村乡西南部，辖区面积 2.36 平方千米，属亚热带季风气候，四季分明。村落内茂林修竹，石径婉转其间，石堰河穿村而过，水质清澈，终年不断。但石堰村人均耕地仅有 0.25 亩，山林竹林地居多，粮食生产不足。历年来，在土地比较少的地区，人们只有选择手工副业以维持生计，因此，土地稀少是导致手工艺从业人员较多的因素。该村主要以手工造纸业为收入来源，以前家家户户都造纸，手艺就是他们生存的手段，通过劳动获得回报，并得到社会认可。石堰村成为夹江县手工造纸——竹纸制作技艺七十二道工序国家级非物质文化遗产保护点。

　　2018 年 10 月 20 日，笔者到石堰村村委了解整个村的概况，通过一周调研，摸清了石堰村的人口、技艺、居住分布等基本情况。石堰村 70% 以上人口在外，村中老年化严重，70 岁以上老人石堰村有 450 人。石堰村现进行了村镇合并，三村合一。此次调研以旧石堰村为主要调研对象，原因在于旧石堰村是一个以石氏家族为主的宗族传统工艺村落，仍然保持以血缘、地缘、业缘关系维系的古村落生态。村落形态稳

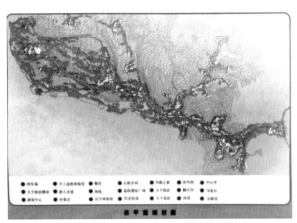

图1　石堰村平面图
图2　石堰村的柏油
马路

定、交通便利、工坊集中，而新合并的两个村交通不便，人口杂居混乱。由此，旧石堰村的 70 岁老人占比在 1/5 以上，且这些老人过去都是手工造纸的匠人。

　　10 月 29 日，在了解到这些情况后，选择在村民石云中家定点采访。石云中在村中属于成功商人，既有家庭造纸厂，又经营民宿，为调研提供了便利。石云中造纸个案在笔者后期的梳理与研究中是一个特殊的案例存在。新旧两种工艺的交替在这个个案中同时存在。传统造纸技艺以另一种"形式"与机器生产和谐地在这个普通家庭中共生。在这里明显看到后工业社会影响下的古老村落的新形态。旧石堰村布局狭长，有一条进村的主干道，石堰河纵穿整个村落，住宅多在这条主干道的两侧，这是典型传统造纸村落建筑的分布形态。从进入村口到石堰村牌坊需步行 500 米，石云中家所在村落最深处的山上，上山道路蜿蜒曲折，但近年为满足造纸工厂的生产与销售需要，修建了一条柏油马路（图 1、图 2）。造纸技艺的变化也带来了新的村落布局与规划。道路在中国乡村的意义是经济与对外连接的体现。这一点在新农村建设过程中也是最重要的一点体现。

　　石云中的家是石堰村中比较常见的三合院，东南朝向，敞厅式的家庭生产空间。正面是堂屋，左侧是三间正式适用的房间，现在改为民宿，侧边外加一个卫生间，右侧是厨房及阁楼式的厢房，房子前边都有长方形的院子，屋檐下是两三尺来宽的麻石阶基，阶基不高。在院子的外侧是一个造纸的工厂，还有遗留的过去抄纸的纸槽（图 3、图 4）。很明显看到石云中家传统造纸设备与现代化造纸厂、传统院落结构与现代木制装饰的结合。这样的融合与交错代表了工业社会影响下的石堰村中一部分人的家庭形态，具有典型性与特殊性。

　　笔者到来之际，正值石云中家开始扩建。应发展文旅的需求，石云中想要在自己家外面修停车场及绿化带，他聘请了一些村里人进行施工。而这些人过去都是进行手工造纸的工匠们，现在成为乡村建设的"建设者"。这是今天中国乡村手工艺人的缩影，过去中国乡村存在大量的手工艺人，而现在手工艺人缩减，侧面反映乡村内生动力的脆弱性和身份认同的模糊性。这些普通的村民在他们的价值观念中，技艺或者说

传统工艺是维持生计的一种手段，如果这种生计被阻碍或是打破，他们就会重新进行职业选择，朴实的职业观，出发点只是满足基本的生存需求。

这段时间的调研，笔者真实记录和还原了采访对象的生活状态。为了方便调研，以云中山庄院落为中心点，将村民石云中一家的生活、生产行为进行了记录与梳理，包括起居与饮食、工作与环境、休闲与娱乐、交往与亲情等内容。

3. 4.

图 3　石云中三合院
图 4　石云中家中的纸槽

二、技艺与日常生活的黏性

传统手工造纸技艺是石堰村人赖以生存的技能，也是手工艺人对于情感、宗族、血缘、文化的肢体表达，更是他们刻于身体之上又通过身体承载的群体的历史记忆和特定文化。石堰村人身体的"记忆"，是在家家户户从事造纸的环境中耳濡目染形成的，从小帮忙到成年后的职业，都成为他们刻骨铭心的知识和文化模式。

（一）"日出而作，日落而息"的生活习惯

石堰村家庭起居作息，基本按照农耕社会的习惯而进行。在农耕社会，家庭成员的时间分割明确，遵循着"日出而作，日落而息"的生产生活习惯，因晨起劳动时间而控制。

> 石云中一家人在晚上10点左右洗漱、整理、睡觉，关灯时间为11点左右。第二天早晨他们6点起床。7点大女儿、二女儿要送孩子们去县城里上学。在石家工作的工人也在6、7点开始一天的忙碌。中午12点，婶婶准备好了午餐，工人纷纷停下工作，桌

上已准备好了白酒、萝卜丝、白肉、萝卜汤等。下午6点时，工人纷纷散去，孩子们也回到了家中。晚饭有萝卜丝、白肉、豆花等。我们很好奇"为什么每天都吃萝卜丝、白肉"。

——《石堰村调研报告》

中国在进入工业时代后，人们的作息时间与职业息息相关。教师遵循学校制订的课程安排进行作息；工人根据生产要求安排作息；艺术家以灵感习惯进行创作工作……工业时代的人被职业需求与规范限制了人的生活作息。职业成为生活作息的"制定者"。在笔者记述的《石堰村调研报告》中，石云中一家的作息也与他们的职业息息相关。这是来自农业社会保留下来的农业人劳作生活方式，在进入现代社会后，这种生活"习惯"被完整地"复制"下来，与工业生产相结合形成一种特殊的"乡村生活景观"。在传统的乡村生活景观中，不仅保留了作息安排，还有一些民俗"文化"。如在传统纸乡，所有的白色都寓意着纸白如雪。"轻似蝉翼白如雪，抖似细绸不闻声"，这是古人对优质纸的形象比喻。因此，纸匠们对其有了精神寄托，吃白色的饭会造出白色的纸，是一种对优质纸的美好期许。

在村落的调研中，所有造纸工匠都遵循着"日出而作，日落而息"的生产生活习惯，随着日夜的交替年复一年地度过。这是因为在自然经济条件下男耕女织，家庭造纸业是农业生产的补充，而石堰村造纸工匠以造纸为生存之道，虽看起来纸工、槽户与农业基本脱离，但这样的生活习惯是为了方便砍伐竹麻与生产劳动，且政策或其他经济原因，造纸工匠会选择回归农业，农耕社会的生活习惯更有利于匠人身份的随时转换。

（二）"和家闹"的生产协作

家庭生活习惯是家庭成员进行生产、交流的基础，石堰村明确的家庭生活时间划分

5.　6. 7.

图5　纸乡食物：豆花饭
图6、图7　石云中家庭纸厂分工协作

影响到家庭造纸工坊的分工与协作。乡土手艺表现在现代社会是一种家庭型的谋生方式，但是，又表现为一种地域特色，表现为一种乡土本色。"唯造纸之家不分春夏昼夜，亦不分老幼男女，均各有工作，俗称为和家闹。"[2]

　　云中造纸厂的人工有5个，石云中的主要任务是管理和经营（他采购原料、出售成品纸和监管雇工）。他的妻子和二女儿负责整纸和包装，大女婿和他的弟弟负责工厂的造纸设备，弟媳妇负责准备家里十多口人的饭菜（图5），大女儿一般在村委帮忙，有时空闲会帮忙整纸与做饭。造纸是一项复杂、有精细劳动分工的高技能工艺（图6、图7）。[3]工匠们要经过20道工序，72个小步骤，历经547天才能造成一张纸。过去的石堰村，作坊主通常负责打浆和管理工作，比如，监督工人、购买原材料、出售成品纸等；抄纸不像打浆那么需要经验，但对体力和耐力的要求更高。所以抄纸是严格的男性工作，而且是体力健壮的中青年男性；将柔软的湿纸刷在晾纸墙上则是女人的工作，男人只是在年纪大了或是身体太弱不能抄纸时才会去刷。[4]妇女除了负责刷纸、整纸和包装，还要在厨房和晾纸墙之间两头跑，瞄个空当刷几张纸，每天都穿着围裙，就是因为他们要一直忙里忙外。

——《石堰村调研报告》

　　所有家庭成员的工作都在石云中的统筹下，不但工作内容按性别划分，工作空间也按性别划分。男人早早地就离开屋子和院子到离家不远的纸棚工作，女人则留在屋子和院子里工作。由家庭生活分工影响下的生产分工使家庭成员彼此既是亲属又是同事，情感和理性在日常生活和造纸劳动中相互交织，各司其职，互相协助，平淡安详，井然有序。这与传统社会中，依托家庭、血缘、宗族发展形成的生活"权威"一致。

（三）"二七十"的休闲娱乐

在农耕社会，生计条件艰苦，农村地区文化建设落后，村民们长年累月"日出而作、日落而息"，劳动是他们所有生活的重心，一天的劳作后，村民们可以用于自由支配的闲暇时间也很少。

> 石云中一家人的休闲时间一般在晚上六点晚饭后，在这一周的时间里，他们主要的休闲娱乐是看电视，很少玩手机；其中有一天玩了3个小时的四川纸牌，还有一天打了羽毛球。石云中的休息娱乐主要是看电影和玩手机；妻子的娱乐方式主要是看新闻、电影、电视剧，晚间偶尔打牌；大女儿、二女儿的娱乐主要是玩手机和打羽毛球；小叔和大女婿都是玩四川纸牌，婶婶的娱乐形式最单一，偶尔玩玩手机。石家的娱乐时间集中在每晚的7～10点，石云中因为工作、闲杂事物等要忙到很晚，休闲娱乐时间不多。他们玩的纸牌，亦称"字牌""长牌""小牌""二七十"。这种纸牌，窄长状，有两指宽，一手长，牌面上有红色和黑色，洗牌后，每个人拿20张，三张三张插成一竖行，手里就有7竖行少一张，20张牌就这样排成扇形。
>
> ——《石堰村调研报告》

"二七十"是一种地域性极强的棋牌娱乐活动，排列组合千变万化，牌局走势变幻莫测，玩家既相互制约又激烈对峙，具有很强的博弈性和娱乐性，通过玩牌，工匠们可以调节情绪、消除疲劳、舒缓压力、放松神经。仅凭民间流行，口口相传，成为典型的地方娱乐，"二七十"早已融入石家人的生活，成为石堰村造纸民俗文化的一部分（图8）。

虽然时代的发展也带来新鲜文化，但石堰村的造纸文化已经与之相融合，成为现在石堰村民俗文化中不可缺少的一部分。现在，石氏家族可以通过网络、电视了解外

8.　9.　10.

图8　"二十七纸牌"
图9　活动互助
图10　村民劳动间隙

面的世界，丰富了他们的生活，但伴随造纸文化衍生的娱乐方式仍然是村民们喜闻乐见的娱乐方式，一直保留至今。

（四）"熟人社会"的交往

乡村社会交往是乡村社会生活的重要内容之一。在石堰村，传统社会的交往对象基本上是以血缘、地缘及业缘关系为纽带形成的。石堰村也像许多传统乡村一样，从明清之际，一代一代共同居住在一起，彼此都相互熟识并有血缘关系。由于封闭的村落格局及有限的人际交往范围，使得石堰人的交际仅限于本村或本族人。在这样的村落里，邻里关系是一种熟人之间的关系。大家生活在共同的地域，从事着几乎一样的生产劳动，操着同样的地方口音，有着共同的经历和经验，便构成了这样一个"熟人社会"。20世纪80年代前，石堰村的造纸工坊要经常依靠邻居和亲戚的劳动力，在季节性的蒸煮竹料时，需要大量的劳动力，工匠开始了造纸劳务的互助，这个过程是热闹的，大家一起唱竹麻号子，有说有笑。今天，在石堰村也看到了这样的场景。因为石云中家正在修建，有很多邻居来帮忙，可能石云中会付一些酬劳，但主动帮忙的这个举动，无形间增进了邻里的友好关系。虽然现在石堰村邻里之间的生产帮助，不再是以同样的劳务输出作为交换条件，以金钱来衡量"帮助"的价值，但是，这在一定程度上是对主人的一种心理慰藉（图9、图10）。

农耕社会的宗族血亲关系仍保留在他们之间，见到长辈的人，她们还是会主动喊"孃孃""大爷"，虽然年轻一辈有的可能不是很熟，但祖祖辈辈传下来的礼仪还是保留在他们心中的。在10月25日的石堰村重阳节活动中，也有很多长辈无偿为村里帮忙，老一辈的人实实在在自愿来帮忙的，这种人情往来是村民自发的，这样简单的活动，既亲密了感情，传承了友爱，也拉近了人与人之间的距离。

——《石堰村调研报告》

就对石亚群的观察而言，她经常去村委帮忙，除了人口普查、重阳节活动外，她还帮村里去除草，和几位叔父辈的石姓人一起除了三天的草，还把我介绍给正在整理龙须草的老人，帮我翻译交谈。

——《石堰村调研报告》

可见，石家人的热情是对内也是对外的。从进村的那一刻，笔者经常能感受到石氏家族的友善与热情。不论是对石建兵的采访，还是杨春喜唱的竹麻号子，笔者都深刻地感受到了石堰村交流互助的热情，就如他们所说的"有来有往，亲眷不冷场"，这种文化的生命力是不容小觑的（图11、图12）。

在石云中家调研的这几天，笔者还发现，石家人收养了两条狗、一只猫，都是在山上捡回家养大的。云中山庄迎着文旅融合的趋势，进行了民宿的改造，也经营造纸体验的业务，可见他有与时俱进的发展思维。在6年前，石云中改做了家庭机械造纸厂，但手工抄纸的设备都还完好保留……

——《石堰村调研报告》

市场经济的深入发展，给乡村生活带来了极大的变化，乡村邻里关系、休闲娱乐、生活起居都不可避免地受到了影响，但石云中一家人逐渐适应并学会完成适合其身份与角色的转变。传统生活方式的精确分割影响了家庭式造纸工坊的运行与分工，由造纸技艺生产为主的乡村生活构成了休闲娱乐、乡村社交与交流的系统，这一系统环环相扣，正如爱德华·希尔斯（Edward Shils）所说的"传统是一个社会的文化遗产，是人类过去所创造的种种制度、信仰、价值观念和行为方式等构成的表意象征；它使代与代之间、一个历史阶段与另一个历史阶段之间保持了某种连续性和同一性，构成了一个社会创造与再创造自己的文化密码，并且给人类生存带来了秩序和意义。"[5]

11. 12.

图11、图12 对石堰村造纸工匠的采访

也如《周礼·考工记》记载："知者创物，巧者述之，守之世，谓之工。百工之事，皆圣人之作也。"[6]他们对于技艺的这样一种认同，也深刻体现着他们宗族特有的工匠精神。

三、技艺与文化认同的濡化

人的个性塑造是需要在一定的社会环境中才能完成的。"一种认同总是通过你的宗教、社会、学校、国家提供给你的概念（和实践）得以阐述，并且这些概念还通过家庭、同辈和朋友得以调整。"[7]石堰村的文化认同是通过乡村集体生活、生活等环境的影响得以进行的。造纸文化不是抽离实际抽离生活的形而上，与村落的环境、人、工作、生活等都有着千丝万缕的联系，将记忆与实践关联是石氏家族不断追寻身份认同的方式。

首先，就其外部环境而言，石堰村有着无数座独特的生产性民居，这是石堰人独有的特色，也是世代相传的身份认知。随处可见的纸槽、经久不变色的晾纸墙，宽阔的三合院等都是这个乡村造纸文化的体现（图13～图15）。石堰人的行为也体现了人文环境对他们的影响，崇尚汉文化中的团结、互助、平等、共享等思想，对家族本位的思想传承至今，石氏家族的石碑、字辈、信仰世代延续，造纸技艺要全村共享，世代传承。石堰人通过精神文化层面的濡化过程，强化造纸工艺认同。

手工艺者对技艺的态度，也能体现他们的状态。石云中家中进行了部分现代化改造，家庭手工作坊变成了家庭机械造纸厂，造纸匠人变成了工厂主，但是，在生活中造纸文化的影响是深刻的。造纸文化是石堰人在历史文化与现代情怀的交融中，获得的一种认同性的表达，也是一种身份和职业的认同。造纸技艺需要传承，石堰人将造纸技艺一代一代传承下来，经久不衰，达到了身份认同的目的。乡村通过区域范围进行界定，以家庭为单位进行生产和生活，文化上体现一种血缘投射到地缘的伦理关系，注重血缘、家庭、宗族和邻里。不论是造纸技艺还是生产性民居、匠人的活动、娱乐、饮食都承载着石氏家族的文化记忆与身份，是对中国造纸文化的一种符号性认同。他们通过强化这些符号来自我凝聚达到认同的效果，并在族群内部通过文化濡化的形式将这种身份认同得以延续，并不断强化。造纸文化正是通过村落、家庭等方式的影响，不自觉地达到石氏家族身份认同的目的。

被誉为"工匠之国"的中国，行行都有能工巧匠。虽然因为诸多社会因素，老一代工匠退出历史舞台，传统造纸技艺面临着后继乏人的现状，匠心文化下的师徒关系与传承模式慢慢终结，阻碍了工匠精神在当代社会的发扬与传播，但石氏家族的后人

13. 14.
15.

图 13、图 14、图
15 石堰村造纸设
备的荒废

还是在探寻属于石堰村地域性、宗族性的新技能之路。同处于一个宗族，以血缘和造纸文化维系的石堰村，都带有石姓家族特有的血缘和文化印记，这是由三百多年历史的世代血缘群体所共同构建、传承、濡化和维系的，是历史传承的，具有稳定性的。存在于村落中的纸槽、纸坊、竹竿都将是集体记忆延续的形态，时时刻刻存在于眼前的象征标志物，将会展演集体记忆中的集体活动与实践行为，造纸文化的延续与工匠的身份认同，将会通过工具的展现而发展。因此，设计可以从材料和工具的角度介入，通过恢复石堰村播迁节点上造纸工具、建筑、合家闹、邻里互助集体活动的方式，唤醒村民的集体记忆与文化认同，这将是村落文化中最有生命力和活力的要素。费孝通认为"文化自觉是指生活在一定文化中的人对其文化的自知之明"。现在石堰村的工匠都开始行动，对我们的造访他们表示非常欢迎，并且以最真实、热情的状态接受采访，老人成立老年协会维护着造纸村落的文化形态，而政府和地方精英则努力打造新文旅融合的文化景观，从环境、经济、人文等多个角度合力打造，为的就是把自己的文化发展好、保护好。在这样一个文化认同的作用下，一场由政府、社会、乡民、工匠共同参与的文化自觉行动被唤醒。

四、结语

造纸技艺本身就是一种身份的象征，从内容到形式都在昭示着手工匠人的身份，彰显着匠人们的权利和责任，这种身份以文化濡化的方式得到不断延续、强化。但在现实的村落社会中，与传统造纸文化最密切相关的主体、村落振兴的建设者的外流，使得石堰村空心化严重，老一代造纸工匠对文化的认同与责任无法大面积广泛传承，他者的保护与干预无法给予传统造纸村落真正的生命力，如果没有了"熟人社会"的连接与维系，未来石堰村将变为孤零零、没有生命力的景观。其次，随着石堰村后工业化、"去农业化"的影响，村落社会的"乡土性""特殊性"逐渐消失，随着传统技艺增长发展的内生动力如何适应新社会的发展，如何保持文化传承的本真性，是值得思考的。

在以石云中为代表的家庭造纸工厂，生产是用现代化机器生产，生活是保持了传统农业社会的生活形态。作为一个旁观者，我们无法预测这种生产与生活的割裂，会是一个长期的状态还是短期的过渡，决定这种关系的是生活在乡村中的"人"。在这个过程中，会受到整个社会环境的影响，比如，政策引导、市场效应等。也许今天割裂的生产生活是一种新的中国乡村匠人的存在方式，这是一种身份的模糊性也会伴随他的职业认同而长期存在。

村落是一个特殊的、"人化"的空间，村落的核心价值在于传统技艺、人生活方式在内的文脉，石堰村由于宗族血脉的造纸文化而发展至今，其村落发展的内生动力是由技艺、造纸工匠、乡村景观、习俗等部分构成，它们共同构成了乡村生活与生产的生态系统。设计作为一种活态的手段，对传统造纸村落内在动力的激活，有着重要且难以取代的价值。因此，设计介入的角度是方方面面，但根本在于尊重石堰村工匠的文化精神与情感诉求，把握乡村社会的历史脉络和生活传统，在此基础上，厘清乡村设计的思维定式与局限，在各方的维系下，实现村落造纸文化资源的价值，增强新一代工匠的工艺自信，推动造纸村落的内生发展，最终实现乡村振兴。

【注 释】

[1] 谢亚平．四川夹江手工造纸技艺可持续发展研究 [D]．北京：中国艺术研究院，2012．

[2] 刘作铭，薛志清．夹江县志 [M]．1934 年民国版．1985 年重印．

[3] 艾约博．以竹为生：一个四川手工造纸村的 20 世纪社会史 [M]．韩巍，译．南京：江苏人民出版社，2016．

[4] 季铁．社区研究与社会创新设计 [M]．长沙：湖南大学出版社，2017．

[5] 爱德华·希尔斯．论传统 [M]．傅铿，吕乐，译，上海：上海人民出版社，2009．

[6] 费孝通．文化与文化自觉 [M]．北京：群言出版社，2010．

[7] 曹田．"杂合共存"中的生命力：河南南马庄田野考察与思考 [J]．南京艺术学院学报（美术与设计）.2017（4）：139-145．

夹江传统手工造纸技艺的传播途径现状（节选）

燕韦

作为文明的发源地，我国的四大发明伫立于世界民族之林，其中造纸术对后世的影响颇深，对保存古代文明做出了不可磨灭的功绩。然而，随着工业化、产业化、信息化的不断革新，科技的不断进步，传统手工造纸技艺的传承与发展受到了巨大挑战。据调查，我国纸产量中手工制纸占比小于 1%，而大于 99% 的纸为机器制纸。如何利用现代传播媒介对传统手工造纸技艺进行传播和宣传，进而使其得到保护和发展，是文化遗产研究中亟待需解决的问题。

我国传统手工造纸技术自东汉蔡伦创新推广以来，便广泛流行于我国云、贵、川、皖、浙、藏、闽、两广等地，其制作原料及工序有着因地制宜的特点，不尽相同。但从制作技艺体系来看，可以分为两大类——浇纸法和抄纸法。四川省夹江县的竹纸制作技艺则属于抄纸一脉，始于唐，距今有着一千余年的历史，至今仍完整保留着古法造纸的技艺流程，是人类发展中极为宝贵的文化遗产，于 2006 年列入传统技艺类国家级非物质文化遗产名录。它的独特价值吸引了中外学者的目光。

目前，学者对夹江传统造纸术的研究多聚焦于夹江造纸术历史沿革考据、造纸技艺的科学性探析与完整性记录、传承模式、可持续发展策略分析等方面。笔者在梳理有关夹江造纸现有文献资料和田野调查的基础上，遵循提出问题—分析问题—解决问题的写作逻辑，借助传播学理论知识，以新的传播视角对夹江传统手工造纸技艺的传播路径进行分析和研究。

本文所探讨的传播，不同于人类学中传播的研究范围：关于代际传承，跨地域传播轨迹及传播途中产生的流变研究，而是以传播学为研究工具，探索现代传播途径下，夹江传统手工造纸技艺产生何种传播效果及如何产生理想传播效果。新技术的推广和应用，拓展了传播媒介边界；同时，网络信号的全覆盖模糊了各传播类型的边界。因此，融媒体成了现代传播的核心特征。通过融媒体可以有效地拓宽传播广度与深度，补足传统传播途径模式单一，内容形式单一的短板，实现资源互通、信息共享、形式互融。夹江传统造纸技艺历经千年传承，有着深厚的文化底蕴和审美价值，技艺背后体现的是民众的生存活力，是夹江文化生态的反映。将现代传播与夹江传统手工造纸技艺二者有机结合，进行论述，以期达到声名远播，传之有物，自发传播，从认知、态度再到行为的传播效果。

关键词

传统手工艺；现代传播；传播效果；传承发展

"传播"指将一个信息由点及面地向外扩散的现象，这里的信息可以由语言、文字、图像等有序的承载特定信息的符号系统指代，这些信息可以搭乘口头、肢体、传统大众媒介及随着现代技术应运而生的新型大众媒介等媒介扩散给受众，受众接收到这些信息并形成一定的反馈给扩散信息的传播者，从而形成一次完整的传播过程。以上是传播学中对传播的阐释，在人类学中对"传播"也有定义：一个社会的习俗习惯、日常行为做法流传到另一个社会的过程。[1] 本文将传播对象聚焦到属于非遗范畴的夹江传统造纸手工技艺，本质上应该研究其代际传承，跨地域的传播轨迹及传播途中产生的流变等特征，但现有的文献资料对其技艺传承的文化传播轨迹的来龙去脉相对明晰，再去赘述意义无多。因此，本文主要探讨是狭义上的传播，借助现代传播途径和技术实现的夹江手工造纸技艺传统文化和经验的信息传播。

　　夹江手工纸早在明朝就以印刷品的形式作为传播媒介，并通过文字、口头等形式将其手工造纸的传统工序记录并传承至今，在中国传播历史上留下了浓墨重彩的一笔，充分发挥了其传播的社会功能、历史价值。《书写与口头文化之间的工艺知识——夹江造纸中的知识关系探讨》一文中"工艺知识的再生产内嵌于特殊的自然、社会和象征环境，很难并且没有必要转化为书写知识，记载工艺知识的文本更关注道德价值的宣传而非技术传递"。[2] 此论给予我们三点启示：一是传统技艺并非独立的个体现存于世，它与环境密不可分，形成了一个有机整体，组成了一个特有的文化生态圈。我们在研究过程中，也不可能脱离其生态环境，仅从狭义内涵来讨论"技艺"，应将夹江传统造纸技艺涵于其文化生态中，整体性、系统性地探讨其生存现状。二是夹江造纸技艺是传统手工艺的一种表现形式，2006年成功跻身国家级非物质文化遗产之列，目的在于更好地传承与保护这项传统技艺所蕴含的中劳动人民传统智慧。但传统技艺转化为文本材料，用文字来书写其具体操作过程是极其需要严谨的遣词造句来阐释，而且其技艺诀窍难以以文本形式呈现，在语言及经验行为转换为文字时出现的错漏偏差是无法避免的。现代传播的应用，很好地解决了语言转换问题。现代传播，尤其是电子传播可以将夹江传统造纸技艺形成声音及影像系统，可以让人更加直观了解技艺制作的流程，传播内容也更加丰富，许多隐性知识或者说默会知识都可以得到传播，不用通过文本文字发挥主观想象与推测。且电子媒介的应用在完整记录传统技艺的同时，可以被大量复制，使得传播范围更广，传播速度更快，更有利于保存，让传统经验知识及手艺的传承的效率和质量都达到质的飞跃。三是在传播夹江传统手工造纸技艺时，并非只是技艺工序的传播，其背后的文化内涵，深层社会价值也要进行深入挖掘，比起简单的工艺流程普及，让人们意识到这是吾辈文化之根、先辈文化之光，从而进行自发自觉地保护与传承才是传播此项技艺的根本目的。

　　传播学一般将社会传播分为五种类型，即人内传播、人际传播、群体传播、组织传播和大众传播。[3] 在现代传播进入"新媒体时代"后，人际、群体及组织传播方式与大众传播的界限就开始呈现边界模糊态势。移动网络的迅速发展，导致社交媒体的广泛应用，此类工具的使用呈现出鲜明的人际传播特质。作为传播主体在考量传播内容时，感官参与度、信息交互水平等人际传播的特点也成为重要的参考因素。现代传播比较注重传播途径的多样性和灵活性，充分满足不同群体、不同特点的受众需求，以达到良好的传播效果。本文通过罗列夹江造纸技艺在不同传播形式下的传播现状，分析传播特点，以便从优势中导出机会，从劣势中导出威胁，为传播效果的分析奠下基石。

一、以"合家闹"为基的人际传播

人际传播是人类传播的基本形式，同时，也是构成如组织传播、大众传播等其他传播形式的基本单位。人际传播使个体与个体的交流在直接的知觉环境中进行，在创造直接意义的同时获得即时的反馈，是一种直接的情感交流活动。在广义上又可理解为"个体与个体、个体与群体、群体与群体之间通过个人性媒介（面对面传播时所使用的自身感知器官与非面对面时使用的个人通信媒介）进行的信息交流，实现良好的信息传递和彼此相互理解或共鸣的目的"。[4] 人际传播作为一种基本的社会行为是社会关系形成的基础，同时，对个体自我认知的形成具有重要意义。人际传播也根据是否借助媒介分成两组传播类型，"一种是面对面的传播，另一种是借助有形的物质媒介（如信件、电话、电报等）的传播"。[5]

夹江传统手工造纸工艺自唐创始以来，培养人才的方式基本稳定在家族传承和师徒相授两种。正式的拜师学艺在此类技艺传承过程中属于鲜见个例，绝大多数是通过是家族传承。明清时期的移民风潮从闽、广、湘、鄂等省地迁至川、贵、滇等地。在移民过程中，湖广等地的先进竹纸制作经验传入夹江，夹江竹纸技艺也在明清时期有了大幅度提升，进而在清朝被定为科举考试官方用纸，誉满天下。随着时代变迁，卢沟桥事变爆发，国家遭遇侵略，战事不断，北方造纸区包括安徽泾县在内的宣纸厂全面无限期停工；加之道路被毁，交通阻断，洋纸进不来，纸张供给面临窘境。1937年10月，国内两百多家报刊社、通讯社、出版书局（书馆）、移迁至巴蜀的38等更是离不开纸。在纸贵如金的特殊时期，夹江"土纸"（纯手工纯竹浆造纸，色调发黄，抗拉能力较强）成为当时新闻文化及生活用纸的主要来源。需求的激增导致供给商户的发展不断扩增，造纸户由2 000余户倍增到5 000余户，相应的从业人员也由2万倍增至4万。新中国成立后，我国各行各业机械生产蓬勃发展，夹江土纸失去了其地域优势，在机制纸的冲击下，传统手工造纸一度陷入危机。十一届三中全会前夕，国家了解了夹江手工纸惨淡境遇做出了"救救国画纸"的批复，这一指示很快得到落实。1983 年，夹江手工书画纸得到回暖，夹江县有造纸为主的公社（乡镇）10 个，生产大队（村）64 个，生产队（社）321 个，从业人员仍有 4 万余人。

从业人员的数字可以说明，夹江当地超过六成人能熟练掌握这项传统的造纸技艺，这样普遍的技艺传承群体都是通过代际传承的方式习得的手艺，代际传承有明显的人际传播特点。1995 年版的《夹江县志》中就针对这些迅猛发展的纸户的劳作形式做过描述，书中说槽户（造纸户）因为要经历的繁杂工序，所以不能像传统农业一样日出而作，日落而息，也没有男耕女织的分工形式。造纸户只能不分昼夜、不论男女一齐上阵分工，形成了夹江手工造纸特有的帮工形式"合家闹"，这也是一种独有的技艺实践传承模式（图 1）。在千年纸乡之称的夹江，这种"合家闹"为主的人际传播形式，使得当地人人均可掌握传统造纸工序。像金华村的状元纸坊，以杨占尧抄出丈二匹书画纸的创新举措而得名。杨家是马村乡传承最早的造纸世家，查阅杨氏家谱，传至杨占尧已是第十二代传承人。再如邻村石堰村的村民石子青，也是颇有名气的造纸大户，《石氏宗祠碑》有记载：石子青祖上为造纸世家，于明代万历年（1573—1620 年）"怀造纸之技来马村石堰谋生"，传至子青已历九代，仍以造纸为业。迄今这种家族传承的技艺传承方式仍是传播思想文化及技艺工序的主要传播方式。因为造纸技艺工序的复杂性决定了师徒相授的传承方式不适用于该技艺的传承与发展。据当地人口述，要想培养出一个合格的掌握所有工序的造纸工，至少要耗费三年的时间，然而，当地村民从小看着祖辈造纸为生，长期的耳濡目染及实践经验，使得他们通过家族传承的方式掌握造纸技艺。这种血缘与业缘交织的生产生活方式，使得当地居民在日常访友、互助、工作等人际交往的过程中，将技艺传播，进而产生生产窍门、经验智慧、浆料配方等核心知识被共享的状态。

图 1　合家闹

这种传统的人际传播方式，凸显了传承者从"自然人"成长为"社会人"的过程。传承人从父辈那里学得传统造纸技能的同时，也对造纸相关的文化生态，即信仰、风俗、默会知识、传统智慧等价值观念和文化认同等相关的社会生活接受的同时，形成了相应的行为规范，以保障手工造纸这门传统工艺得以稳定地继承和发展，从而让当地的社会秩序得到连续性稳定发展的可能。这一传播方式不仅使社会观念得以形成，还有利于形成自我观念。在夹江传统手工艺发展历程中，其产品性能、尺寸都得以不断地改良和发展，这都是一代又一代的造纸人在接受固有工序这一传播信息的基础上，形成了一定的自我思考，结合本人的生存环境来把握这一技能的同时，相应地将传播内容进行一些修改和补充，以适应当时的社会环境，实现其自我价值。发明了丈二匹竹制书画纸的杨占尧老先生（国家级传统手工竹纸技艺传承人）便是一个例子，他听说安徽有造纸户能在船舱里制作的一丈二皮料纸，便萌生了制作巨幅竹料纸的想法。大幅书画纸需要强度和拉力都上乘才能禁得住墨笔浸染，因此，他在竹料中加入了适量麻类长纤维，将纸抄得比小幅纸稍厚，为了适应丈二纸的尺寸，还修建了专门的纸壁，只做了专用的纸帘和纸架。在经过无数次失败实验后，终于抄出合格的"丈二匹"书画纸，然而，紧接着迎来的问题就是如何上墙晾晒，这种大幅湿纸不可能用传统方法将其揭开刷上墙，因为单张质量便达几千克，手提都费力。为解决这一问题，杨占尧的爱人石福珍想用圆木将纸一圈圈地裹在上面，抬至纸壁后顺着纸壁竖起展开，其展开方式类似展开一幅横轴的卷轴画，由纸壁的一端慢慢展开，边展边刷，均匀地刷至壁上。丈二匹书画纸的成功面世不仅填补了我国大幅竹料书画纸的空白，其产品性能优越，广受书画家好评外，还有杨氏家族谈及这段往事心底自发涌出来的自豪感及其文化身份的认同感。文学大家、文化遗产保护著名推动者冯骥才曾说："传承人所传承的不仅是智慧、技艺和审美，更重要的是一代代先人的生命情感，它叫我们直接和活生生地感受古老而未泯的灵魂。这是一种因生命相传的文化，一种生命文化，它的意义是物质文化遗产不能替代的"。[6]这一言论也很好地概括了传统人际传播模式下，传统文化传承时不能被替代的原因，优秀的传承人在继承父辈传统技艺时，还凭借自己的能力符合当下发展趋势，为传统技艺的传承进行创新，符合时代需要，不被现代工艺淘汰，自觉自发地为培养下一代造纸人而努力。

现代技术的不断发展，让传统的人际传播也迎来了新的发展趋势。微信、QQ等社交媒体的产生，使得人际传播进入了一种新的生态环境——网络人际传播。在这一新型传播场域下，人际传播在传播内容和传播效果及传播特点上都产生了新的变化。依靠新兴媒介进行人际交往已是不可逆的潮流，对人的思维方式、生活方式、情感表现、价值观念都形成了深刻的影响。夹江传统造纸产业在这一传播环境下，也呈现出了发展新态势。在状元纸坊生活期间，提及与过去相比这家造纸坊有什么变化，第十四代传承人（杨占尧之孙，1995年生）告诉笔者，还在读高中的时候，大概10年前，那时人们对"古法造纸"之类的传统文化字眼还不是很感兴趣，传播方式也还是传统的人际传播，传播范围仅限于当地造纸户和从马村等造纸重镇走出去的那些外出做装裱生意、手工纸贸易，以及相对固定的合作商和认准他们家书画纸品质长期购纸的书画家之间。除了这些固定的受众外，其他新增受众是通过寥寥无几的旅行社规划的线路，将他们家当作古法造纸参观基地的观光点而扩展的。

然而，近10年发生了翻天覆地的变化，随着人们对传统文化的重视和好奇，以他们家为观光线路之一的旅行社开始增多，前来体验造纸的游客也明显有所增加。再加上微信开始盛行，有几位游客在参观体验完造纸的工序后，将他们在传统造纸坊的体验分享到了朋友圈，他们的朋友被这样新奇的造纸工序所吸引，纷纷询问地址，以及要纸户的微信亲自询问具体细节。就这样，状元纸坊在年轻一代的传承人手里，利用年轻现代的传播方式，如微信朋友圈、微博等途径发布信息，改善了传统人际传播的受众局限性，拓宽了传播受众的年龄、地域分布。而且在他的帮助下，状元纸坊现在的管理者陈阿姨（杨占尧儿媳，1971年生）也使用微信进行了一系列的传播活动。网络人际传播利于创造新的人际关系，它可以跨越地域及阶级的限制，完成交易、工艺展示等传播内容。在田野调查过程中，除了标准手工纸的生产，还有很多商家要求造纸户制作定制纸，这些定制信息和贸易合同等等通过微信等社交平台进行操作。例如，2019年8月，状元纸坊便收到一个专门做非物质文化遗产消费平台的电商的订单，商家要求该纸坊用熊猫大便作为原材料的一部分，结合传统造纸工序抄出传统手工特色纸，用于文创产品开发，但笔者目前还未看到该电商平台上架该产品。通过网络社交媒介与陈阿姨联系，慕名前来体验参观的学者、艺术家、游客、订货商等明显呈现出由国内走向国际的趋势（图2～图4）。这些发展都说明网络人际传播拥有传统人际传播双向交流、及时反馈等传播特点外，还有着交互性、自发性传播、互动频繁、传播内容更丰富、超文本性、消解地域阻碍等优势。

2. 3. 4.

图2 "熊猫纸"
图3 订制特色手工纸合同
图4 德国学者体验夹江传统手工造纸

二、以研学教育为主的组织传播

组织传播，是指一个组织使用其特有的组织媒体工具和传播措施的总和。其目的是形成组织氛围，凝聚组织力量，展示组织影响，促进组织内部、组织之间和组织外部的良性互动。[7] 区分组织和一般群体，一般要辨认这个群体中有无规范的管理系统或统一行动时的指挥者。用马克斯·韦伯的话来说，就是是否存在一个"管理主体"。依概念所云，以教育部门和学校牵头的研学活动，有明显的活动领导者、清晰的规章制度和活动计划，因此，学校组织的到传统手工造纸工艺研学基地研学的实践活动，了解传统文化并学习传统经验的寓教于乐的传播模式，是很明确的组织传播行为。

在夹江进行田野调查期间，恰逢世界研学旅游组织在乐山举办首届研学旅游信息发布会，此会议讨论了世界研学教育的一些精彩案例，分析了研学形式的利弊，更提出了对中国研学的相关政策及对中国市场的展望。其中在受邀参与此次大会的研学基地中，夹江县只有两家，一家是夹江传统年画研究所，另一家是保留完整传统手工造纸工序的状元纸坊。中国的研学活动发起得较晚，在 2013 年 2 月宣发的《国民旅游休闲纲要（2013—2020 年）》中，才正式提出了"研学旅行"试点，目的是更好地实施素质教育，从而实行这一创新举措。但西方国家及日韩等国对于研学已有一套相对成熟的操作体系，早在 17—19 世纪，欧洲的"The Ground Tour"（大陆毕业游）是针对英国上层社会作为毕业的最后一部分，美国的户外教育夏令营也特别发达，日本也在 20 世纪 60 年代推出了修学旅行这一教育政策，韩国在 20 年后也借鉴了该做法。他们奉行"The world is a classroom"（世界是个教室）这一理念，主张以此开阔青少年的视野，提高对异文化的尊重度，提高对跨文化的理解能力。我国推行这一政策的时间虽然较晚，但无论是西汉初期的史学家司马迁，还是北魏时期的郦道元，明朝的徐霞客、王阳明，抑或是近代的陶行知都推崇"读万卷书，行万里路"的生活理念，讲究"知行合一""教学做合一"的教育理念。"社会即学校"这一传统的教育思想和西方国家推崇的"世界是教室"本质上是一致的，从教育性和体验性等方面肯定了研学之旅的价值，这样的实践经历和群体生活是青少年逐步向社会人成长中宝贵的经历。

夹江现存的还在生产手工纸（包含半手工半机器纸）的纸厂，成规模的有三家，另有 100 多家小型企业和手工作坊，但能完整感受七十二道完整工序的纸仅有一家——状元纸坊。另一家在当地与之齐名的纸坊，1994 年被夹江县府命名为"大千纸坊"，由于商标权的原因现又更名为石子清纸坊。它因创造出广受书画大师赞誉的高标准书画纸而扬名，有着不可磨灭的历史价值和实用价值，是中小学生研学实践基地的有利候选。但因其杀青、蒸煮、打竹麻、竹麻号子等传统工序的缺失，以及场地限制等原因，并未入选四川省中小学生研学实践教育基地。因此，状元纸坊凭借完整古法造纸工序的保存、制作，以及研学教育流程的体系化，食宿等方面的规模化等优势，成为夹江唯一的省级体验传统手工造纸技艺的研学基地。因为该纸坊在研学教育中更具典型性，笔者就以此为主要田野点，对其传播模式进行了观察与分析。

状元纸坊作为省级研学基地，经过几年的探索和实践，针对青少年群体的身心特点，中小学校组织者的教育需求，文化旅游的消费特点，以及非物质文化遗产的传承性、实践性、活态性等特点，在传统手工造纸技艺的传播内容上进行了一系列的调整和规划，制定了一系列寓教于乐的课程。从传播内容上看，这系列议程的设置通过组织传播体现出了其特有的优势。

其一，教育性。作为传统文化的一种普及方式，非物质文化遗产的传播与展示，重点在如何整合资源和媒介、内容和技术。夹江传统手工造纸技艺的研学项目将场地选在夹江县马村乡金华村的状元纸坊，从学生进入场地开始，就会感受到本土环境的气候、地形、植被等自然环境及资源，观察到当地错落的或手工或机器的造纸厂，废弃的或正在利用的纸槽。身处这样明显带有地域性的生产活动空间内，首先，就会让学生形成一种潜意识里的认知——该地的纸文化是根植于此地的，这是再多的文本阅读、室内课堂都灌输不进的文化感知。在进入场地以后，纸坊还会准备印刷资料——《穿越时空·体验古法造纸》研学旅行方案，该方案简述了夹江竹纸制作技艺及该纸坊的发展历程，还有活动主题、目的意义、地点、内容及时间安排，研学过程中的注意事项等，让学生对该技艺有个初步了解。然后，通过展板讲解竹纸技艺的流程工序，详细地为学生勾勒一张纸从竹子转化为纸所需的材料、工艺、人力等工序的完整步骤，在讲解过程中，会穿插一些小故事，如当地神化蔡伦、敬奉蔡伦的传统故事和民间信仰。

研学作为室内课堂的补充形式，是国家对学生能力培养的重要途径，其中有两项学生需要具备的能力"问题解决和思考能力"与"对社会与文化的包容能力"，是能通过研学中的实践体验进行培育提高的。有学者曾提出"研学旅行不仅是研究性的学习，还要给学生充分的体验"。[8]该地的研学流程，讲解性内容仅占 20 分钟左右，剩余时间是学生亲自动手感受造纸之乐。在传播内容设置上，该纸坊全面围绕"竹"文化展开一系列的实践活动，例如，亲手穿制"纸"的前身——竹简，让每位学生实

图 5 研学实践场所（状元纸坊）

践捣料、抄纸、刷壁等造纸中的重要工序，若是正赶上打竹麻的时节，还能听到竹麻号子，让学生充分认识"片纸来之难，过手七十二"。在充分认识到纸要经历怎样复杂的程序后，对接下来的年画印刷体验会更加珍惜。学生以手工纸为载体，覆于雕版上，亲手印刷一份老版年画，自留保存，以作留念。在这种生态环境和生产环境相结合的环境建构下，以及文本与实践结合的研学方式下，传统造纸文化的知识传播潜能是巨大的（图5～图7）。

6.

7.

图6　竹简制备
图7　学生体验竹简
制作、抄纸、刷壁、
年画制作等

其二，消费需求。近年来，机制书画纸（包含中小学生用书画纸）不断发展，对传统手工书画纸的冲击较大，加之安徽、浙江等地政府投入大量资金支持传统手工书画纸的生产，使这些地区的传统手工书画纸得到先行发展，在这样激烈的市场竞争环境下，夹江传统手工书画纸市场更显颓靡。随着经济的发展、人民生活水平的逐步提高，人们也逐渐追求精神文明建设，"书法和绘画"作为传统文化瑰宝，受到了国家的重视。2014年1月10日，教育部印发了《关于推进学校艺术教育发展的若干意见》，意见指出，教育部将对中小学校和中等职业学校学生进行艺术素质测评，记入档案作为中考和高考的录取参考依据。《意见》还明确了义务教育阶段的学校开设艺术课程时长的最低标准，还提出了艺术教师的配备问题。一系列意见指出艺术教育在未来学校教育中所占的比重将会有所提升，传统书法绘画作为艺术国宝，将在艺术教育中得到广泛的普及和发展。我国每年在校的小学生有9 900多万，在校的初中生有4 300多万，随着学校对书法绘画课的重视，书画纸的需求也会不断增加。

学校组织的研学是到传统手工造纸厂体验传统造纸文化，自然也会接触到手工书画纸。在研学过程中，学生可以用研学基地的纸墨在准备好的手工纸上作画，有一定绘画或书法基础的同学，会更敏锐地感受到传统手工纸与机制纸的差异在哪里，普遍反映手工纸更吸水、更润、更有层次感，还有学生反馈机制纸和手工纸光手感就不一样，不得不说这些学生的感受力是相当敏锐的。笔者在田野问卷中曾问过几十个从事造纸行业20年以上工龄的师傅，问到机制纸能否替代手工纸时，90%的手工艺人会告诉笔者不能，其中很重要的原因是机制纸是一面光，手工纸是两面光，但不从事这个行业的一般人是难以察觉的。这说明现代的中小学生里的部分群体已经具备一定的艺术素养，他们已经有了识辨好物的能力，甚至有学生会告诉笔者手工纸贵在哪里，贵在用料讲究、人工处理的材料拉力更强、纸更韧，造纸师傅很辛苦，造纸效率虽低，但每张纸都倾注了心血。这让原本没有接触过手工纸的学生，处于手工纸的环境里会自然地进行领悟和反思，进而动手实践来证明是否如同学说的那般有区别，产生消费需求。

据不完全统计，"研学热"的推行，使状元书画纸厂平均每月要接待千余人，并保持持续上涨趋势，近几个月，更是出现了跨省学校组织学生前来观摩实践的研学队伍（图8）。面对工业产品的冲击，传统手工纸的滞销，向青少年这样的消费生力军宣传、普及刻不容缓，当青少年了解了传统手工艺的美学价值和文化内涵所在，对传统手工艺产生了价值认同、文化认同，更能培养青少年的传统手工纸品消费观念。培育青少年的非遗传承消费观及自主传承发展的学习动力远好过由单一的市场经济拉动消费。向青少年宣传、普及非遗就是在培育非遗产品未来的潜在消费市场，培育非遗的爱好者和消费人群。[8]

其三，传承发展。"保护为主、抢救第一、合理利用、传承发展"，是我国出台的关于非遗保护的指导方针，如何更有效地对其保护和传承，首先，要了解其特性。

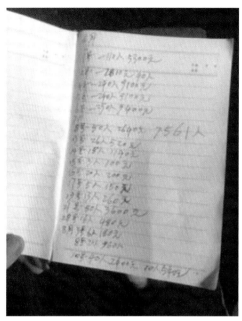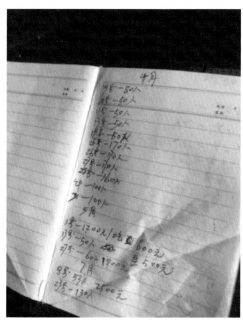

图 8　状元纸坊石福珍老人记录的来访及消费情况

非遗具有传承性和活态性这两种最主要的属性，其传承和活态的关键都在"人"。这里所指的"人"并不局限于狭义的具有政府部门认证身份的传承人，而是泛指有传承能力的群体。面对夹江传统手工造纸技艺传承断层的囹圄，青少年群体便成为该传统技艺传承发展的储备力量。各中小学校组织的古法造纸研学教育在传播环境中实现了情境式浸入，传播内容上实现了动态化展现，传播途径上实现了课堂外的延伸，这样的传播方式让学生易看、易懂、易学，更容易激发青少年群体对传统手工造纸的兴趣和思考。

非遗传承主体是非遗得以活态传承的薪火。笔者在夹江经过部分走访调查，有效被访的 64 个人中，超过 60 岁的就有 31 人，这部分群体完全掌握了传统手工造纸工艺，而在这部分群体中 80 岁以上的老人有 5 人。在 64 个被访人中，其子女完全没从事过造纸行业的有 41 人。这些数据表明，夹江传统手工造纸技艺的传承群体也存在老龄化、传承群体匮乏等突出问题。而参加研学活动的主体为中小学生，他们正处在树立价值观、培育人生理想的成长阶段。通过这一系列潜移默化式的熏陶教育，有利于青少年正确认识他们所处的土地上孕育着怎样伟大的文化底蕴。青少年通过情境式的体验教育，产生认知、消化和思考，能够更好地认识该技艺所聚集的民族集体文化记忆、蕴含着的绵延传承的民族精神。中小学生群体在古法造纸技艺的体验中，也发挥了自己独特的创新发展精神，他们在原有纸艺的基础上加入花草，创造出独一无二的花草纸的同时，也进一步认识到手工造纸不能被机制纸取代的情感价值、历史价值和审美价值等多重价值（图 9、图 10）。所有这些培养和发掘行为，都为夹江传统手工造纸技艺的传承群体储备打下了基础，相信这些星星之火，也可发展为燎原之势，让古法造纸技艺代代相传，民族精神生生不息。

图 9　花草纸
图 10　反馈调查

　　研学教育作为组织传播的一种方式，学校等教育相关部门作为传播主体的组织者，联合夹江传统手工造纸技艺传承人，在夹江本土文化生态环境内所进行的以感知与弘扬传统文化为目的的传播行为。它区别于大众传播模式，大众传播的受众群体有不可知性和随机性，但组织传播的受众很明确，局限于其组织内部成员。在古法造纸研学中，其传播受众局限于学生和老师，这一传播特点也影响了古法造纸技艺的传播范围。由于夹江竹纸技艺的地域性偏强，近年来，四川省外的学校组织前来研学的学生，如广东、甘肃等地的学校虽然有所增加，但仍有近九成的受众是四川省内学生。但随着互联网的普及、通信和信息的高效率发展，组织传播也无可避免地与大众传播模式产生交集、相互影响，学校组的古法造纸研学行动通过公众号、微博、电视新闻、报纸报道等各种新旧大众传播媒介传播开来，也导致外地学生乃至国外学生了解并前来体验。这种组织传播形式，也有着固有的弊端，例如，学生获得传统文化信息是从老师下发的文件中得来的，这样的传播方式虽然具有公信力，但一定程度上也会出现如艾森伯格等人同著的《组织传播：平衡创造性与约束》一书中提出的观点，从宏观角度来看，社会和社会机构会塑造、控制、命令和约束个人。　研学教育在塑造青少年人格养成、传承传统文化、培育民族精神的同时，也因为自上而下的纵向传播方式给学生带来了压迫感，部分学生会将其化为课程教学的另一种手段，从而使这项活动流于形式。然而，组织传播形式的优势也是突出的，其高效性、秩序性和目的性都是其他传播形式难以企及的。而且学生在研学完成后，提交反馈报告，同学之间的相互沟通交流心得体会等组织内的上行和横向传播方式能够及时地形成受众反馈环节，完成一次有效的传播过程，更有利于夹江传统手工造纸技艺保护的有关部门进行整理分析，以便更有效地整合资源，结合新的手段方式，谋求更好的保护和发展。

三、以电子媒介为主的大众传播

文化传播是人类特有的各种文化要素的传递扩散和迁移继传现象，是各种文化资源和文化信息在时间和空间中的流变、共享、互动和重组，是人类生存符号化和社会化的过程，是传播者的编码和解读者的解码互动阐释的过程，是主体间进行文化交往的创造性的精神活动。[9]夹江传统手工造纸技艺作为非物质文化遗产，在通过代际传承承袭技艺的同时，也越来越需要更具影响力和宣传力的传播渠道，从而得到更广泛的关注，拓宽其生存空间，适应现代社会可持续发展。在赫尔曼·鲍辛格的《技术世界中的民间文化》一书中曾提到，现代技术已经与民众日常生活融为一体，并拓展了民间文化的生存空间。民间文化与大众文化、民间传承与大众传播之间并非泾渭分明，传统也并非一成不变，而是在继承与创新的过程中不断碰撞，焕发出新的光彩。置身于大众传播深入人们日常的现代社会下，利用现代媒介诸如报纸、电视、网站、新媒体等媒介形式的优势，使其获得更好的延续和传承是文化遗产传播的新趋势。

（一）报纸

大众报刊的出现是近代大众传播的起点，以"人人都看的报纸"——廉价"便士报"的出现为标志，诞生于19世纪30年代。报纸因便携性，发行量大，借助文字、图片、排版等视觉符号传递信息，利于传达深度信息等优势一直是文化传播的重要媒介之一。夹江传统手工造纸与报纸的渊源甚深，早在宋代眉山刻印业高速发展时期，夹江竹纸与眉山刻印业便联合协作，成为当时五大印书基地之一。国民政府迁都重庆之后，纸张成为稀缺资源，在重庆的多数报纸出现机制纸无处可寻的局面，这时夹江手工制纸成为当时两难境况下的第一选择。例如，1939年12月1日的《大公报》重庆版创刊便是用夹江土报纸印刷的。但稍显可惜的是，夹江手工纸虽发挥过特殊的历史贡献，但在文献整理时并未在那段动荡岁月发行的报刊中找到对夹江造纸的记载（表1）。

表1　国家数字图书馆中以"夹江造纸"为关键字的报纸信息

序　号	题　目	报纸名称	时　间
01	《夹江拓宽思路加快发展》	《乐山日报》	2006.02.21
02	《传承千年夹江竹纸重现远古工艺》	《乐山日报》	2006.11.19
03	《夹江秧歌舞出国门》	《四川日报》	2006.12.29
04	《展现纸乡文化底蕴，建设四川文化强县——记首批国家级非物质文化遗产——夹江竹纸制作技艺》	《乐山日报》	2007.02.27

序 号	题 目	报纸名称	时 间
05	《夹江"纸状元"荣登"传承榜"》	《乐山日报》	2007.06.10
06	《手工造纸：源远流长今犹盛》	《乐山日报》	2008.06.23
07	《夹江造纸：从"贡纸"到"非物"的文化之变》	《乐山日报》	2008.08.03
08	《成都"非遗节"亮出"乐山元素"》	《乐山日报》	2009.06.07
09	《夹江民俗文化展新机》	《乐山日报》	2009.07.19
10	《加强基地建设弘扬爱国主义精神》	《乐山日报》	2009.12.09
11	《赏年画观造纸新年到夹江过把体验瘾》	《四川乐山晚报》	2010.01.23
12	《乐山博物馆沟通历史和现实》	《乐山日报》	2010.06.12
13	《千年纸乡竹纸生辉》	《乐山日报》	2010.10.24
14	《夹江手工造纸户》	不详	2011.01.27
15	《夹江竹麻号子：凋零抑或重生》	《中国艺术报》	2011.04.20
16	《"非遗"绝技：指画与造纸》	《乐山日报》	2011.06.15
17	《慈竹大批死亡"中国书画纸之乡"现纸荒》	《四川日报》	2011.07.07
18	《立足特色做大做强文旅产业》	《乐山日报》	2012.04.26
19	《"大手握小手"，传播文化传承国粹——中国文艺志愿者服务队"送欢乐下基层"走进四川夹江》	《中国艺术报》	2016.09.30
20	《传统工艺败给了谁——〈以竹为生〉引发的思考》	《中华读书报》	2017.05.24
21	《五百年来一大千》	《学习时报》	2018.06.11

报纸作为大众传播媒介，有着对我国优秀的传统文化宣传、推广和导向的社会功能和责任。夹江传统手工造纸技艺的推广和传播也离不开报纸的应用，在与夹江文旅局、纸业协会的相关工作人员交谈后了解到，通过大众传播媒介传播的夹江传统手工造纸技艺的相关信息并未形成系统的档案管理。在样本采集中，主要借助报纸门户网站现有的报纸资料与在田野期间参与式观察时所得的报纸资料进行采样分析。

数字化的发展使得传统报纸归档整理方式发生了变化，扫描及电子文档的运用让传统纸媒可以在网络中创建资源库，这大大加快了在搜集夹江造纸相关报道的效率。笔者的报纸信息主要来源于中国国家图书馆·中国国家数字图书馆、知网、《乐山日报》数字报、四川日报网、人民日报图文数据库和光明网，以这些媒体中刊登的夹江造纸的有关新闻报道进行传播内容、数量、表现形式等报道形态的分析（表2）。

表 2 "夹江造纸"相关内容报纸信息汇总

报纸名称	主管单位	报道内容	刊登数量	所在地
《乐山日报》	中共乐山市委机关报	综合	106	乐山
《四川日报》	中共四川省委机关报	综合	28	成都
《人民日报》	中共中央委员会	综合	3	北京
《光明日报》	中宣部	综合	2	北京
《中国艺术报》	中国文学艺术界联合会	文艺	1	北京
《学习时报》	中共中央党校	社科时政	1	北京

我们可以从以上两表中看到夹江传统竹纸技艺在通过报纸传播时遇到的一些问题。第一报道数量过少，报道内容同质化现象严重。从历时角度看，各大报纸报道的内容呈现模式化的状态，报道内容单一、反复，报道形式陈旧。《乐山日报》是中共乐山市委机关报，于 2003 年 1 月 1 日正式发行。截至 2020 年 3 月 11 日，在《乐山日报》官方网站搜索"手工造纸"有 106 项词条检索结果，起止时间为 2011 年 9 月 12 日至 2019 年 12 月 15 日。《四川日报》是中共四川省委机关报，创建于 1952 年 9 月 1 日。在四川日报网中检索"夹江纸"一共有 49 条记录，但里面有效记录仅有 28 条。这样的刊登频次和数量使得夹江造纸的影响范围难以扩大，为其达到认知效果造成了一定的阻力。从 2006 年开始，四川本土报纸对夹江造纸的报道主要集中于夹江传统手工造纸技艺的传承状况、发展思路、历史溯源，"传承千年""文化体验""加快发展"等字眼成了每年报道中的几乎趋同的主题和内容。模式化的报道形式，使得夹江传统手工造纸技艺的宣传片面化，生产生活色彩减少，容易造成受众思维僵化，不利于对受众产生思维乃至行为层面的传播效果（图 11）。

图 11 传承人收藏的报纸

夹江传统手工造纸技艺不同于川剧、蜀绣等其他四川省的国家级非物质文化遗产在全国有广泛的群众认知基础，因此，在全国范围内有影响力的主流报纸的报道显得尤为重要。《人民日报》是由中共中央委员会主管的，也是世界十大报纸之一，是我国反映社会百态的主流报纸之一。《光明日报》是由中宣部主管，与《人民日报》一样，具有广泛的群众基础，每期的发行量都能达101万之多。光明日报社旗下的子报纸《中华读书报》是以一周一次的频次发行的，内容定位在传播读书理念、分享图书信息、交流书目观感等主题上，由于内容优质，也获得了读者的普遍欢迎。《中国艺术报》是中国文学艺术界联合会（简称"中国文联"）主管主办的国内最具权威性的国家级文艺行业大报。笔者在这些主流报纸网站中搜寻夹江传统手工造纸技艺，得到的结果数量鲜少。《人民日报》图文数据库（1946—2020年）搜索"夹江竹纸"有一条记录，其名为《寻纸记（神州观览）》，发表于2019年6月8日，文内并未着重强调夹江纸，只是说明了夹江纸是作者所寻手工纸的一种。以"夹江纸"为关键词，检索到了1984年10月27日题目为《流长源远，承古创新》的报道，将夹江竹纸作为文房四宝中纸的一种类型做了列举，指出夹江竹纸可以与安徽宣纸相媲美，安徽宣纸不再是一枝独秀的景象。搜索"夹江造纸"和"夹江传统"，均无检索记录。在光明网的《光明日报》一栏中搜索"夹江竹纸"，仅有一条记录，题目为《乐山：文旅互动，乐在其中》，此文仅仅是将夹江竹纸生产技艺作为文旅融合的一个项目做了列举。搜索"夹江造纸"和"夹江纸"，只有2017年刊登在光明日报社的子报社《中华读书报》的一篇文章《传统工艺败给了谁——〈以竹为生〉引发的思考》。报道数量直接影响了受众的广度，但我们可以看到，尽管在主流报纸中的报道数量有限，报道内容的质量却有一定的深度，如《传统工艺败给了谁——〈以竹为生〉引发的思考》，在《以竹为生：一个四川手工造纸村的20世纪社会史》一书中，探讨传统手工艺的深层内涵及其"社会性"环境的建构，文章从社会结构、手工与机械、技艺自信三个方面由表及里地分析了夹江传统手工造纸技艺衰落的原因，最后提出如何建构一个"留下来"的乡村文化是可以认真考虑的，让乡村"留守"的不再是儿童和老人，而是"经济和文化"，饱含真情，发人深省。第二，报道地域性强，地区分布不均。夹江传统手工造纸技艺本身就是一项地域性极强的手工艺项目，它依托于夹江当地的丰富竹林植被、水系资源、气候环境及独特的社会结构和历史背景。另外，其语言结构、风俗习惯也让地域外的受众在产生文化认同上具有一定的距离，这些因素都导致除四川本地的报纸外，在其他如北京、上海等报纸行业高度发达地区中难以观其身影。《意识形态与现代文化》中曾讲到"技术媒介的运用把社会互动从具体身处的地方性中分离出来，进而使得不同个体可以彼此互动，即使他们没有共同的时间和空间背景"。造纸术是我国传统技艺和文化，夹江造纸技艺也是在其上演变，充分利用报纸媒介将其丰富的文化魅力表现出来，使其不局限于四川，扩展传播区域，吸引更多受众了解并身体力行地支持夹江手工纸，从而拓宽传承人群，促进手工纸业的发展。

（二）电视

电视作为传统的大众媒介在我国虽然起步比较晚，但在乡村社会中呈现出"一家独大"的传播媒介态势。电视出现后，被人称为"震撼现代社会的三大力量之一"。电视从画面、影像、声音、字幕、特效等方面全面地传递信息，这种视听一体的手段给了受众强有力的视觉冲击和现场感。电视的传播特点让非物质文化遗产可以得到更完善的记录和归档保存，也凭借着影像和声音，动态化的呈现方式，丰富的表现内容吸引更多人认识非遗、走近非遗，使非遗的技艺与知识得到更好的传承。

笔者为了了解受众对夹江传统手工造纸技艺的认识，做了线上与线下的问卷。通过网络问卷调查了解到，100个填写调查问卷的人除了6人表示不了解非物质文化遗产外，其余94人中65%的人是通过电视接收到的信息，下面关于安徽宣纸与竹纸技艺包括夹江竹纸技艺的了解渠道，电视也都以大比分遥遥领先。线下问卷中为了简化回答流程，笔者将电视新闻和纪录片这两个电视中将传播社会遗产功能发挥到最大的两个板块拿做选项，在村民对夹江造纸技艺的关注渠道的回答中，得到了32%和19%的数据。线上调查问卷中，88人表示听到过夹江竹纸，其中69%是通过电视了解到的。这也侧面反映了电视作为家用媒介，扎根融入了我们的日常生活，是家庭文化生活的构造者和展现者。正如尼古拉斯·阿伯克龙比所说："电视作为定位个人在地方、全国、全球关系中所处位置的媒体，已经成为家庭主要话题的谈论对象，是家庭生活的重要组成部分，同时也充当着家庭娱乐者和信息员。"电视在当下仍是普通人了解夹江传统竹纸技艺的最重要的信息渠道。电视节目随着电视的出现而衍生，为电视注入内容与活力，为受众带来丰富的信息源。非物质文化遗产可以为电视节目提供更多样的文化素材，电视节目通过电视传播也为非遗带来宣传推广和保护的作用，二者互利共生，紧密地联系在一起。网络的发展，使电视节目的传播渠道也变得不再单一，数字卫星等技术手段实现了网络与电视同步更新，网络电视的应用让电视节目传播覆盖面更广、传播速度更快、内容更丰富。关于夹江传统造纸技艺的电视节目，主要体现在电视新闻与纪录片两个体裁。在线上调查问卷中，通过电视了解到非遗的94人中，有59%的人是通过新闻，29%的人是通过纪录片了解到的。线上问卷调查中通过电视媒介了解到夹江竹纸的人中通过纪录片和电视新闻渠道占比为56.82%和25%，其他综艺、电影、电视剧等节目收效甚微（表3）。

表 3　夹江手工造纸的电视节目汇总

序 号	片 名	节目类型	制作单位	播出时间
01	《纸乡夹江》	夹江造纸技艺专题纪录片	企业家周雅录出资制作	1994
02	《中国博物馆·一纸风行》	博物馆文化专题片	中共中央宣传部、文化部、中央电视台联合制作	1999
03	《记录四川100双手第二季·古法造纸的守望者》	系列纪录片	四川广播电视台、四川省文联、四川省协联合全省各市、州（县）联合制作	2016
04	《探索·发现·中国纸的故事》	系列纪录片	中国纸业网、中国新闻社江苏分社联合制作	2019
05	《长安十二时辰》	电视剧	优酷、微影时代、留白影视、娱跃影业、仨仁传媒、十间传媒联合出品	2019

　　电视新闻对传播夹江造纸发挥了重要作用，尤其是本土电视新闻频道，如《夹江新闻》《乐山新闻》等，为夹江造纸技艺提供了展示平台。其短平快的内容形式利于受众在很短时间内接收夹江造纸最新的动态，具有很强的即时性，为夹江造纸的发展营造了良好的舆论氛围。电视新闻节目受时长限制，就必须进行议题选择。涵盖受众所处地域位置越广的节目，就越需要筛选地域性较弱的、时效性较高的、新闻价值较高的新闻内容。因此，在除四川本土以外的电视新闻报道中，我们很难看到关于夹江造纸的新闻节目。本土新闻在对夹江造纸进行频繁的、长时间的追踪报道时，是能够引导社会舆论的，这是一种显性的义化传播态度，强调了当地以积极开放的心态来展现自己的文化自信，也引导了当地的文化氛围和文化身份认同的自觉风尚。

　　与电视新闻的短小精悍相比，纪录片就显得细长柔和了很多。不同于电视新闻的先突出"要点"再进行较详细的细节扩展的展现模式，纪录片一般采用长镜头和固定镜头，来达到记录一个完整的事件或动作的纪实效果。二者都追求记录事件的真实性。但就夹江传统手工造纸技艺的保护需求而言，记录其技艺及所处的文化生态环境的完整性、全面性的需求更迫切，这点纪录片的优势更强。早在1994年，周雅录先生就自费出资30万元拍摄《纸乡夹江》的纪录片，记录了濒临消失的夹江传统竹纸生产技术，这也反映了人们认可纪录片可以利用形象性、科学性、真实性等特点有效地记录、保存、宣传和保护夹江竹纸技艺。周雅录自愿出资的行为也能看出电视传播可以转化为自觉产生保护行动的传播效果。在笔者调查的关于夹江造纸纪录片的资料中，属于专题纪录片的只有《纸乡夹江》这一部，《一纸风行》《古法造纸的守望者》《中国纸的故事》都分别作为一个大的专题下的单元项目出现（图12、图13）。《一纸风行》制作于1999年，发行于2000年，隶属于《中国博物馆》这一专题，是从全

12. 13.
14. 15.

图 12 《古法造纸
的守望者》纪录片
（纪录片截图）

图 13 《中国纸的
故事》纪录片（纪
录片截图）

图 14 《长安十二
时辰》中的竹纸（电
视剧截图）

图 15 《延禧攻略》
中的绒花（电视剧
截图）

国 1 800 多个博物馆中精心挑选 100 家博物馆，作为国家对外文化交流的内容进行国际交换和出版发行。该片以传统造纸技术流程为主线，加入夹江手工造纸博物馆布展的内容和藏品用以阐释说明。

《古法造纸的守望者》一纸风行，展示内容更全面。该片以竹麻号子的声音设置了"未见其人先闻其声"的开场，然后逐渐展开合家闹的共同劳作场面，以竹纸技艺国家级传承人杨占尧为主线，辅以旁白、采访以及技艺生产流程的画面。15 分钟的内容中呈现了该地自然资源、历史风貌以及杨家是三百年前"湖广填四川"移民潮中迁徙到夹江后学习造纸的生命史，造纸前，要祭祀"蔡翁先师"等造纸细节及传承人对于夹江造纸传承保护的展望。此片剪辑流畅，逻辑清晰，也包含许多经验知识与风俗习惯，在后来的拍摄制作团队到此地去取景时，总会被杨家人盛情邀请观看一遍，试图给予团队启发和借鉴。《中国纸的故事》中，夹江竹纸只是作为竹纸代表出现在了片中，主要介绍了竹纸的性能，篇幅不多。夹江古法造纸依赖纪录片进行了形象直观的表述和记录，使其具有真实性和研究价值的同时，也利用配乐、影像、文字和蒙太奇的表现手法来感染和吸引观众，具有一定的艺术价值和审美功能。使观众有直接生动的观感，从而加深理解，促进思维方面的认知，进而转化为行为方面身体力行的保护和推广。

《长安十二时辰》作为 2019 年大火的电视剧，里面有个角色叫徐宾，他讲解了很多关于藤纸和竹纸的知识，也表达了其他种类的纸原料都不如青青翠竹来得简单，竹纸技艺的加速成熟是大唐未来的希望（图 14）。但该剧只是介绍了竹纸，并未框限地域。造纸技艺环节的引出，推动了该剧的剧情发展，引发了观众对竹料造纸的热议。电视剧的真实性不如新闻与纪录片，但精心设置的剧情使其更具生动性和可观赏性。如《延禧攻略》中的绒花作为剧中重要的服饰设计元素，让非遗珍粹——绒花重回大家的视野（图15）。《清史稿后妃传》中，富察皇后"以通草绒花为饰，不御珠翠"的言论也颇受追捧，购买转化率也颇高，很多观众也表示绒花是一眼就想拥有的首饰，这无疑要归功于《延禧攻略》的热度，以及制作团队以精良服化道为视角的宣传点。高频次地宣传绒花、缂丝工艺，取得了良好的口碑，带动了观众关注非遗文化的热情与支持力度。但夹江传统手工造纸技艺的相关电视剧还呈现短缺状态，是今后电视剧本创作可以考虑的优秀传统文化素材。

（三）网站

非物质文化遗产的不可再生性迫使各地方政府加大了对非遗的保护和宣传手段，建立了各省市的非遗网站，普及和传播非遗知识是各地科研、文化机构、政府及非政府组织、企业等力量通力合作的有效方式。其中以中国非物质文化遗产网·中国非物质文化遗产数字博物馆为典范，四川省也立足本地特色创建了中国·四川非物质文化遗产网，有组织机构、资讯动态、政策法规、保护名录、学术百科、非遗视界、非遗旅游、线上展厅、服务指南，九个板块（图16）。夹江传统手工造纸技艺在该网站中仅有竹纸制作技艺的文字描述，其非遗视界板块中并未搜寻到关于夹江传统竹纸的影音资料。此外，乐山市文化馆中"乐山非遗"板块中可以看到以图片＋文字的形式介绍夹江竹纸技艺。夹江县人民政府网站中有"非物质文化遗产"板块，多为政务类的非遗新闻、非遗项目的图文简介，缺乏影像资料。

2009年6月2日，夹江书画纸同业商会在新华网中国西部瓷都网站的大力支持下，开通了中国书画纸之乡——夹江网站，此网站设有八个栏目：纸业商会、新闻中心、千年纸乡、名人墨迹、文房四宝、书画资讯、会员信息、会员论坛。但现在只更新到2014年5月16日的信息，且链接均已失效，会自动跳转至夹江新闻网——夹江门户网（图17）。

图16　四川非物质文化遗产网（网站截图）

图 17　中国书画
纸之乡——夹江
网站（网站截图）
图 18　纸的博物
馆（日本造纸数
字博物馆）

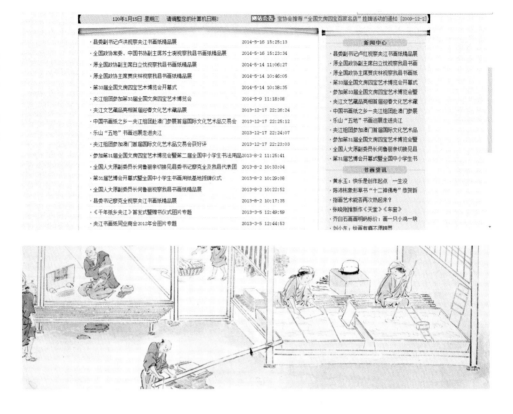

　　夹江有手工造纸博物馆，坐落于千佛岩畔，但因为政府新规划，现在已经关闭，准备改造为世界灌溉工程遗产东风堰——千佛岩 4A 级景区，新的手工造纸博物馆还在规划发展中。日本东京也有专门的造纸博物馆，并且建设了数字博物馆（图18）。此站功能性较强，有英语和日语两种语言模式可以选择，主要信息内容为博物馆的历史线索、馆内藏品信息、专题展览信息以及手工纸体验教室的情况，等等，结合动态图片与文字信息，方便用户了解信息。但网站缺少检索功能，只能根据菜单链接一级一级地去点击想了解的内容，不利于用户快速准确地搜索想得到的信息。音像资料缺失，网页更新周期也较长，但网站的整体设计视觉感较强，为用户带来舒适的浏览体验。

　　非遗网站建立的主旨是搭建传播非遗的信息平台，可以借助多媒体融合构成具有时效性、直观性、互动性和广泛性的表现形式，帮助受众获得更深切的认知和感受。网页设计是吸引受众兴趣的关键因素，其中涵括字体排版、界面、平面设计，动画制作、信息体系搭建、认知心理学、交互设计等多方面的知识体系。随着网络技术的不断发展，移动终端越来越被依赖，网站兼容移动设备，方便手机、便携式电脑（平板电脑）、笔记本电脑等随时使用，适配性在现有的科学技术中已经得到了完美的解决。网站是可以综合传递信息的媒介，影像、文字、动画、3D 虚拟场景、交互平台、受众反馈都可以在网站中实现。建立数字博物馆可以发挥网页和数据库的优质性能，具有充分的完整性和灵活性，是理想的传播夹江传统手工造纸技艺的媒介之一。但目前缺乏独立的手工造纸博物馆网站，现有的夹江竹纸技艺相关网站在发挥传播夹江传统造纸文化优势的同时，大多呈现出页面缺乏设计感、排版单一、信息内容不够丰富、音频影像缺失、动态化效果不明显等缺陷，需要相关单位进一步优化和设计。

（四）新媒体

媒介的发展并非一个依次取代的过程，而是一个依次叠加的过程。随着移动互联网生态的不断成熟、电信资费的不断下降、智能手机的不断革新，新媒体拥有了传统大众传播媒介所不具备的受众广度和宽度。新媒体是在数字技术产生和发展的前提下不断产生的新型媒体，这些新媒体主要是其所具有的数字技术而不断出现和更新的传播方式和传播信息载体，新媒体的本质特性是"技术上的数字化和传播上的互动性"。有学者总结了新媒体与传统媒体相比在传播上具有的四个基本特征：一是交互性与即时性；二是海量性与共享性；三是多媒体与超文本；四是个性化与社群化。其中交互性也可称作互动性，是新媒体在传播上的最主要特征。传统媒体的传播模式是单向线性传播，信息传授双方的身份定位非常明确，信息接受者往往只是被动接受传者的信息，而很少把对信息的意见进行反馈，尽管有时也有一些传授双方互动的活动，但这种互动只是暂时的，而新媒体化信息的互动成为一种常态，双向或多向的网状传播替代了单向的线性传播。新媒体模糊了传播进程中传授双方的身份，信息接收方不再只是被动地接收信息，而是能够利用新媒体及时交换信息。新媒体冲破了时空的束缚，信息传播的环境变得极其开放，信息传播速度极快且可随意复制和存储，不同国家、不同民族之间的信息相互交流频繁发生，新媒体的传播特点也为传统文化的有效传播提供了新途径、新思路。

1. 微信公众号

微信公众号是由腾讯公司在微信这一人际社交软件的基础上开发的新型模块，是新型自媒体中的一种表现形式，它区别于微信传播时一对一的特点，是一对多的传播媒介。微信公众号的主体可以为政府、企业、民间组织、个人等任一社会身份的成员。作为一个新生的传播媒介，面世以来就受到了广泛的关注及应用，逐渐演变为现代传播途径的主流途径之一，悄然改变着人们接收信息的方式。据统计，2018 年，在微信公众平台的非遗相关公众号就有 208 个，其中包括以各地级省市的非遗保护中心为主体的官方公众号，还有文化传播公司的非遗推广公众号，各旅游景点、博物馆的官方公众号及热衷非遗文化分享的个人公众号。夹江传统造纸技艺的传播也在微信公众平台有所应用，其主体主要为政府、文化传媒公司、组织团队及个人，是现代新型媒介中传播夹江传统手工造纸技艺的主要途径（表 4）。

表 4　夹江造纸相关微信公众号

名　称	认证主体	传播内容	图　示
爱生活爱夹江	夹江县爱生活爱夹江文化传媒有限公司	综　合	
夹江发布	夹江县对外宣传办公室、夹江县人民政府新闻办公室	综　合	
竹纸生活	夹江县状元书画纸厂	服务夹江竹纸，传承非遗之美	
水墨幽篁	四川大学文学与新闻学院文化行者社团水墨幽篁团队	"夹江竹纸技艺探究暨知识应用计划"暑期实践项目：非遗留存现状，两支公益广告拍摄制作，造纸点近景绘制及竹纸文化教室布置，志愿者+小学生暑期竹纸夏令营，纸乡地图等	

在微信检索"夹江手工造纸"会出现很多个人或政府为主体的公众号发布的文章，从中摘选了四个发布夹江造纸相关信息频次最高的及主题性较强的公众号作为研究对象。水墨幽篁公众号的主体是个人，发布信息主要为四川大学文学与新闻学院文化行者社团的暑期实践项目内容，发布时间从2016年7月13日至2017年10月9日，持续一年，共发布了11篇文章。内容多集中于竹纸生存境况的思考，传承人现状，与马村中学的学生进行为期12天的体验竹纸特色文化的竹纸夏令营活动等内容。发布的信息紧扣夹江竹纸文化，这些切实的田野实践与心得体会，是夹江竹纸技艺的宝贵资料，但阅读量却集中在20～40次，传播效果不理想。竹纸生活是至今唯一保留七十二道传统工序的造纸坊——状元纸坊的年轻一代继承人，国家级夹江传统竹纸技艺继承人杨占尧的孙子杨宏伟创建的，只发表过一篇原创文章，主要内容为介绍夹江造纸的工序及造纸前的祭祀风俗，因此该号呈现待更新态势。夹江发布是夹江县政府的官方公众号，主体为夹江县对外宣传办公室、夹江县人民政府新闻办公室。夹江发布与爱生活爱夹江两个公众号在内容定位上相似，均为教育、政治、经济、民生、文化、科技等全品类内容，关于夹江造纸的文章内容趋近相同。在对比了两个公众号相同时间内的阅读量后，决定以爱生活爱夹江公众号内容作为主要分析对象。

"爱生活爱夹江"2013年11月19日起开始发布公众号，从一开始的一天一次，一次三条信息发展到如今的一日一次一天七条的频次，截至2020年3月1日，总发文数超过一万条，在其历史消息中，以"夹江造纸"为关键词搜索，据笔者统计可查到129篇文章，这129篇文章的平均阅读数为2639次。在一一记录了这百余篇文章的阅读数后，将阅读量排在前十位的文章列于表5，以作分析（图19、图20）。

表5　"爱生活爱夹江"公众号中夹江造纸相关文章阅读量前十名

序号	标题	阅读数	发布时间	形式内容
1	《三十张夹江老照片，带你穿越回过去的旧时光》	14 000	2019.04.21	简短文字，图文并茂。内含古法造纸、造纸遗址、庙会表演等多张老照片
2	《都说夹江未来五年的变化会是之前的总和？以下二十三个项目说明一切》	11 000	2017.02.26	少图，大量文字。四川夹江县2017年重点项目规划明细，其中第三位是马村乡石堰纸文化特色村落项目
3	《各位朋友们！夹江的这个地方喊你来耍，安逸得很哦》	10 000	2017.08.20	图文并茂。马村古法造纸和夹江手工造纸博物馆为其中推荐景点
4	《2019乐山古镇线路全新出炉，夹江三古镇上榜》	9 876	2019.02.25	图文并茂。推荐了乐山市的古镇，其中第二位是夹江县华头古镇，推荐景点有稚川溪和古法手工造纸等

序 号	标 题	阅读数	发布时间	形式内容
5	《自豪！咱大夹江又被国家点名了！将大力发展，快来为我们家乡打call》	7 621	2018.05.29	图文并茂。着重介绍了2018年文旅部、工业和信息化部联合发布的《第一批国家传统工艺振兴目录》中，夹江的竹纸制作技艺位列其中。还介绍了被选中的好处在哪里
6	《重磅！乐山这15个城镇被川省看上了，夹江就入围了三个！来给你的家乡扎起》	7 331	2018.04.15	图文并茂。介绍入选四川省"百镇建设行动"的15个乐山小镇，其中夹江县中兴镇的主导产业是手工造纸业、桑蚕及陶瓷业等
7	《春游去哪儿，夹江周边这几个赏花踏青的好去处》	7 248	2017.02.26	文字为主。介绍了夹江县的世界灌溉工程遗产东风堰及千佛岩景区的手工造纸博物馆及馆内藏品
8	《多位知名导演亲临夹江，难道夹江要成为网红城市了》	6 976	2017.04.26	图文并茂。介绍了由国内几位导演、编剧、制片人等一行人来夹江，开展乐山题材的影视剧创作采风活动，其中造纸博物馆、体验造纸手艺为重点
9	《夹江的美，你知道多少》	6 909	2017.11.04	图文简短。夹江造纸博物馆及手工造纸体验为其中项目
10	《网曝夹江界牌镇一造纸厂偷排污水，河里鱼虾绝迹》	6 671	2016.07.14	单图少字。有人举报造纸厂排污问题引起关注

传统造纸村落的弹性生长／夹江传统手工造纸技艺的传播途径现状（节选）

19.
20.

图19 "爱生活爱夹江"微信公众平台某周阅读数一览

图20 夹江发布微信公众账号某周总阅读数一览

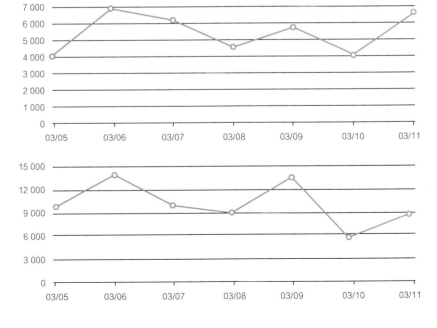

从阅读量排名前十的夹江传统手工造纸技艺相关文章来看，可以看出这 10 篇文章有以下几个共同点。

①标题情感化，利用标点符号。在信息泛滥的微信公众平台上，内容碎片化的呈现方式改变了人们的阅读习惯，标题成为受众浏览内容的关键。以《自豪！咱大夹江又被国家点名了！将大力发展，快来为我们家乡打 call》《重磅！乐山这 15 个城镇被川省看上了，夹江就入围了三个！快来给你的家乡扎起》等标题为例，可以明显看出标题长度长、关键词多、情感用语醒目等特点。据新榜对 2015—2017 年 100 000+ 的爆文标题长度对比，显示标题长度已经从 49 个字扩增到了 61 个字。增加标题长度是传播主体抓住被各种信息裹挟的受众眼球的方式之一，长标题可以让读者在最短时间内对文章内容做最多的了解，标题长度的增加自然意味着关键词跟着增多。多一个关键词就多了一份吸引浏览者目光的可能性，多了一份点击阅读从而传播信息的机会。除了标题长度外，像"定了""自豪""震惊""重磅"等情感用语的使用，配合感叹号、问号、省略号等标点符号，再结合反问、设问、反复等修辞手法，将读者置于一种"敲黑板，画重点"的语境中，带来了强烈的情感态度，增强了文章的感染力和说服力，激发了读者进一步深层阅读的兴趣，更易引起读者转发扩散甚至反馈的欲望。还有像"打 call""扎起"等明显带有时代特征和地域特征的词语，更易与读者之间产生情感共鸣，这种紧贴时代发展的新闻用语也是吸引受众、刺激转发的方式和手段。

②观光旅游等民生内容更吸引受众。在阅读这 129 篇关于夹江造纸的文章时，发现其中不乏一些带有珍贵史料的关于夹江传统造纸工艺的深度好文，但阅读量最高的也不过在 3 000 左右。产生这一现象的原因主要有三点：首先，因为该公众号的定位是政治、经济、文化、科技、教育等本地化综合内容，受众定位是无差别民众，并不是针对非物质文化遗产或者夹江造纸等有特殊群众定位的专题内容推广号。因此，夹江造纸技艺相关的文章篇幅较少，发布的频次也较低。其次，因为夹江造纸相关的深度和广度俱佳的文章内容，标题一般为"走进传统文化""守护千年历史"等正式生硬的书面用语，历史类文章给读者的普遍印象是沉闷枯燥的，与受众有着一定的距离感，心理层面的刻板印象使得这类文章传播效果在阅读覆盖率上欠佳。最后，随着经济的快速发展，人们对精神生活的要求逐步提高，观光旅游等娱乐生活逐渐成为人民追求生活品质的一种方式，探索异质文化，领略不同的风土人情的内容更容易激发读者共鸣。除了旅游观光，造纸厂的排水处理不当引发的污染问题，以及政府规划项目的安排也引起了关注和热议。这些内容都是切实关系到人民生活利益的，可见贴近人民日常生活的表现内容是必不可缺的。

③优质排版的视觉效果更吸睛。该公众号夹江造纸相关文章阅读量排名第一的是《三十张夹江老照片，带你穿越回过去的旧时光》（图 21），该文章用老照片的形式来展示夹江县在 20 世纪的社会环境、自然环境及人文生活。正如罗兰·巴特在《明

三十张夹江老照片，带你穿越回过去的旧时光

爱生活爱夹江 2019.04.21 17:55

每一张老照片都定格着这座城市的往昔

它不仅展示了人们的生活过往

更是承载着我们对于过去的一份记忆

夹江滨江广场

每一张照片都记录着这座城市的曾经

这里有百姓的粗茶淡饭

有城市的雕梁画栋

夹江马村·张大千客居

许多记忆里的事物抵挡不住时间的洪流

渐渐消失了...

只有那老照片依旧诉说着从前

图21 《三十张夹江老照片，带你穿越回过去的旧时光》内容截图（"爱生活爱夹江"公众号）

室》中所言："消失的东西的照片就像一颗星星的光线一样碰触到我"。在文章的评论区也有很多类似的反馈，如"时光原来是看得见的""照片留住记忆，记忆留住时光""街角旮旯都透着暖暖的味道"等反馈，也有人积极地提供诸如拍摄《大千客居》《夹江老人》等照片的作者信息。德国康斯坦茨大学教授阿莱德·阿斯曼在《回忆空间》中提到，"图像既是记忆的隐喻，又是记忆的媒介。那些被'银版照相术'固定的印象既指头脑中的图像，也指早年的照片，他们从外部支撑着回忆"。毫无疑问，这些包括夹江造纸劳作场景、生产空间在内的老照片引发了当地民众对于家家户户造纸的群体文化记忆，他们感知到了图像的感染力及表现力，激发了他们的感官想象，记忆深处的能量释放出了历史的力量，进而调动他们主动阅读、转发、点赞及评论的积极性，从而拥有文化传承的传播动力。此外，美观的版式设计也是公众号文章能得到有效传播的关键因素。排版是受众打开文章后的第一直观印象，是读者判断文章内容质量的重要标准，因此，视觉上的统一、节奏的有序性能够让读者增加对文章逻辑的理解，为读者提供适当的思考空间，更易达成阅读满足感。在夹江造纸相关的公众号文章中，传播范围更广的文章排版大多为图文并茂的排版方式，还是以阅读量第一的文章为例，该文章的文字长度、字距、行距、段落及对齐方式让文本的可读性更高，字体类型的样式较为统一，与页面风格相配。尤其图片样式采用老式黑白照片的传统裁剪的花边边框图样展现，给予受众怀旧感。而且该文章在页面中恰当地留白，使得用户在浏览时有可以呼吸的空间，元素之间的连续性，也使得页面有视觉焦点，吸引读者的注意力。

夹江造纸在公众号平台的传播有以下几点不足：①缺少主题明确的夹江传统手工造纸技

艺及文化的公众号，乐山市及夹江县两级行政区缺少非遗推广相关的公众号。②现有公众号关于夹江造纸的文章内容类型较为单一，新闻报道类文章偏多，文化普及类文章不足。夹江县的城市宣传标语为"千年纸乡，西部瓷都"。可见传统竹纸技艺已经作为一个文化符号来实现其宣传城市形象、表达社会身份的功能。但在公众号发表内容的构建中，夹江造纸相关文章所占比重过低，经笔者粗略计算，仅占1.3%左右。③文章展示方式较为生硬，基本上为图片＋文字的形式，极少出现视频、音频、动画、小游戏等形式的运用。而音像资料等完全可以通过现代数字技术应用在公众号平台中，给受众更直观、生动、有趣的信息传达体验，吸引更广泛的用户，创造更优质的传播效果。

2. 微博

微博的英文为 Micro Blog，翻译过来是微型博客，使用方法类似博客。博客最早是 2006 年埃文·威廉姆斯等人推出的 Twitter 服务，最初是用于网络社交，向好友的手机发送文本信息。随着 Twitter 的不断发展，国内也开始创办一些类似的社交网站，最先推出类似 Twitter 服务的应用软件是在 2007 年诞生的饭否，紧接着，又有新的一批功能相似的软件应运而生。由于当时网络环境相对落后等原因，这些平台相继关闭。2009 年，新浪推出了微博服务，随即腾讯、搜狐、网易这三大公司也推出了微博应用。在经过移动互联网的快速发展后，微博服务进入成熟期，国内提供微博服务的四大网站经过激烈的竞争后，呈现出新浪微博用户最多、一家独大的态势，因此，在材料分析时以新浪微博为主。微博与微信公众号同属于社交网络平台，两者皆是通过关注机制来简短实时分享信息，一对多扩散型的社交方式，但微博不同于公众号之处，是微博可通过视窗化进行简明预告，并可以通过@功能将其传播范围扩大。移动互联网时代来临后智能设备的普及为新浪微博收获用户，融入人们的生活，成为现代传播主流媒介，创造了优异的发展环境（表6）。

表 6　夹江造纸相关微博账号

名　称	认证主体	存续时间	传播内容
千年夹江造纸专项实践小分队	2017 年西南财经大学暑期"三下乡"社会实践服务队	2017.07.21— 2017.07.27	传承非遗文明，弘扬传统文化——千年夹江造纸专项实践调研
夹江传统手工造纸体验基地	国家级非物质文化遗产传统手工造纸传承人	2017.02.03— 2017.07.23	研学记录，夹江传统手工造纸技艺相关工序视频记录
水墨幽篁夹江竹纸非遗计划	四川大学文化行者水墨幽篁支队	2017.07.20— 2017.08.09	"夹江竹纸技艺探究暨知识应用计划"微动态发布平台。两支公益广告拍摄制作，造纸点近景绘制及竹纸文化教室布置，志愿者＋小学生暑期竹纸夏令营，纸乡地图等

微博存续的 11 年间，以体量和影响力成为国内新媒体行业中曝光流量较大的平台之一，尽管这两年短视频平台的崛起，让微博市场份额面临挑战，但新浪微博在2019 年年底发布的官方报告显示，其月活跃用户有 5.16 亿，这样的强社交属性使它仍然占据热点输出和品牌曝光的重要媒介榜位。非物质文化遗产结合微博若想产生高曝光、高认知、高反馈甚至高支持，就要分析微博的传播规律，将传播主体、内容、手段、频次与之适配才可行。

在微博搜索"夹江造纸"相关信息，能搜索到三个用户是完全以夹江传统手工造纸为主体进行传播和推广的，关注者的数量以及点赞、评论等显性传播效果数据都过少，转发、分享等再传播的过程减少。这三个用户主体均为学校团体及个人，以官方为传播主体来传播夹江竹纸相关内容的微博用户并未得见。此外，"乐山非遗"和"夹江非遗"也未注册微博账号来进行相关宣传，只有省级官方非遗保护与推广账号"四川非遗"，粉丝有 10.5 万，在其内容搜索栏搜"夹江纸"，只有四条相关信息，点赞与评论最多的是 2019 年 9 月 25 日发布的以图说非遗为话题的传统技艺竹纸制作技艺的内容，其余信息鲜有评论。这也侧面反映了利用微博在夹江传统手工造纸技艺的传播效果上具有知识生产沟不断拉大的效果（图 22）。微博等新媒体的诞生，为

图 22 夹江造纸相关微博（微博截图）

人人成为知识生产者创造了机会，在虚拟空间内，一定程度上打破了上层社会的信息垄断，然而，就夹江造纸相关微博信息的发布而言，普通组织及个人发布的内容获得较少关注，省级以上非遗保护中心的官方微博，与拥有一定粉丝流量基础的明星超话社区内发起的话题更具有传播效应，如"张云雷带你走近非遗"在非官方微博发布的夹江造纸有关信息中热度是最高的。这种文化传播失衡确实导致非遗相关的内容失去了一定的话语权，同时，也为夹江竹纸提供了传播新思路。

3. 短视频应用

以抖音、快手、腾讯微视、哔哩哔哩等为代表的短视频应用是现代传播媒介中自我表达意识越加强烈的产物，为民主自由发声及信息交互性、便携性等需求提供了平台，是一种依靠数字技术和移动客户端让信息得以迅速、精准、多元、个性化传播的自媒体应用。这类短视频自媒体的核心特点是民众对信息生产及传播的自发性。中国互联网络信息中心发布的《第 44 次中国互联网络发展状况统计报告》指出，截至2019 年 6 月，我国网民规模达到 8.54 亿，互联网普及率达 61.2%，手机网民规模达 8.47亿，使用手机上网比例达 99.1%。我国网络视频用户规模达 7.59 亿，其中短视频用户规模为 6.48 亿，占整体网民的 75.8%。以上数据，均可说明短视频用户基数之大、传播潜力之大。

技术手段的创新及智能手机的普及，为短视频平台的快速发展带来了机遇，也为非遗的传承与生产性保护带来了新模式。以当下流行的抖音短视频 App 为例，在该App 中大概含有三类非遗短视频：①游客观览到某一非遗项目，出于猎奇与兴趣将其拍摄上传，这类短视频大多缺少内容与制作构思，传播范围有限。②某一专业组织在介绍某类非遗产品时，顺便介绍其背后制作的非遗工序。③专门挖掘非遗文化的团队或非遗项目传承人个人将非遗项目进行短视频制作，这类非遗短视频一般拥有精良的画面、舒缓的背景音乐、恰当的旁白及流畅的节奏和考究的镜头语言，使其获得受众的广泛喜爱与转发。1938 年，海德格尔曾做过一次演讲，演讲中提到现代社会进入了世界图像的时代，意指人对世界的把握是通过"图像"进行的表象活动。"世界图像"既有时间维度，又有空间维度，在很长一段时间里，西方的"图像"总是存在着自由、进步与文明，东方则是愚昧、落后与专制。现今的舆论格局正发生着逆转，国人以昂扬的自信走向世界，向世人展示着我们的优良传统与文明传承。传统文化类短视频的兴起和发展，使我们把握新时代传播的规律，从而借助历史"风口"，将我们民族文化由内及外推向传播的新高度。

夹江传统手工造纸技艺也跟随短视频这股时代的风潮进行传播，以抖音短视频App 为例，除了一些游客到马村乡进行游览体验时自发的拍摄视频外，专门运营传统手工竹纸技艺传播的主体只有"状元纸坊"这一个账号，这也说明这类现代新型传播媒介促使人开展行为方面的传播现象（图23）。状元纸坊是夹江竹纸技艺传承人的儿媳，也是状元纸坊的实际运营者陈女士，与儿子一同在打理的一个生活账号，他们不刻意整理传统技艺专题，更多的是分享运营纸坊的生活，因为在从未接触过的人看来，是以前在文本信息阅读的经验中亟待传承的、濒临灭绝的手艺，是高阁之上离人遥不可及的文化，但对传承者来说，这只是安身立命的本领，是他们每天都要面对的工作和生活，所以砍竹、打竹麻、抄纸、晾纸、割纸、唱竹麻号子等分享的工序，都与一个农民播种、撒农药、施肥、收割、晾晒、装仓等无异。所以，状元纸坊在分享造纸技艺的工序的同时，还会分享他们带着手工竹纸参加展会的所见所闻，学生及国内外学者前来研学的景况，家人一起玩乐嬉耍的时刻等日常生活。尽管没有专人团队来进行科学运营和管理账号，截至2020年3月1日，在其发布的100余个视频中，抄捞成纸仍是获赞最多的视频，高达2 000余次，这也直接反映了大部分人对纸是如何形成的还是具有一定探究欲望的。

图23　状元纸坊抖音平台发布内容（抖音截图）

　　此外，在研究抖音传播非遗短视频能够获得广泛关注的规律时，搜寻到不少成功的案例（图24）。截至2019年4月，抖音上游1 214项国家级非遗项目在抖音上进行相关内容的传播，占全部国家级非遗项目的88.5%。这1 214项国家级非遗项目内容在抖音有远超过2 400万条视频和1 065亿次播放量。此外，抖音还推出了非遗合伙人计划，旨在挖掘非遗的市场价值和文化价值。他们定期开展话题活动，为非遗传承人开小店，并且帮助对接专门制作视频的机构等活动来推动全社会对非遗传播

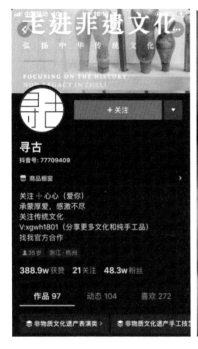

的参与度，提升非遗现代化的传播能力。

　　从以上案例我们可以看到，非遗与抖音是可以做到优势互补的，前者有着深厚的故事底蕴和文化、审美价值，后者有着深厚的用户基础和对优质内容的渴望。夹江传统手工造纸技艺若能抓住抖音的传播规律，实现两者有机结合，将会迎来新的传播效果，达到生产性保护与传承的目的。"闻叔的伞"是国家级油纸伞非遗项目传承人闻士善的抖音账号，他在抖音平台分享做伞的过程，其工艺既美观又精巧，受到受众青睐，然而，让油纸伞一炮而红的还是它的实用性。2018年九号台风利奇马来势汹汹，两人分别撑着超市购买的机制金属骨架的折叠雨伞和油纸伞置于空旷的室外，在同样恶劣的气候环境下，机制雨伞已经被风吹折，而油纸伞却安然无恙。这与闻师傅的传承初衷相符，他认为油纸伞自古以来就是实用性工具，应坚持其美观与实用这双重属性，对其长久发扬与传播。闻师傅也通过抖音平台仅一条视频就卖出了6万元的营业额，在中秋前后一个月内就卖出了3 000多把。还有专门挖掘非遗文化的非遗抖音账号，如"寻古""奇人匠心"等，在这些账号中，传承人为主体，镜头在他们手下的活计与专注的神情之间切换，制作流程的简单梳理配上文字、旁白及自述，有利于受众更清晰地了解传统技艺的制作流程。而且这类抖音号会在其抖音主页分门别类设置链接，例如，寻古分为非遗表演类、手工技艺类等，有利于观者快速准确地寻找自己感兴趣的非遗门类。此外，他们还会在视频中设置商品橱窗链接，为手艺人增加创收。

　　无论是传统大众媒介还是新媒体，都是夹江传统手工造纸技艺得以推广宣传的重要手段，现将两者的传播特点做一个简单的汇总（表7）。从中我们可以看出，新媒体所能实现的媒体融合、便携性、交互性、即时性、信息海量性等传播特点在传播非物质文化遗产中的作用越来越突出，是未来非遗传播可以倚重的传播媒介和探索方向。

表 7　传统大众媒体和新媒体传播特点对比

	传统媒体	新媒体
媒体形式	报纸、广播、电视、网页等	直播平台、社交平台、短视频平台、社区平台等
传播者	权威媒体组织	所有人
特　点	单向输出、成本高、漏斗式获取、反馈周期长	双向互动、直接输出、扩散式获取、反馈即时性（周期短）、支持多样内容形式呈现
优　势	权威性强、群众信赖感高、资源丰富、机制成熟、注重传统技艺完整性的采集与传播	信息量大、成本低、传播迅速及时、覆盖面广、交互性强、受传者有主动转化为传播者的可能性
劣　势	传递信息延迟、时效性差、单向甚至单一渠道传播、受众接受被动、互动性极弱、受政策和技术的制约	在严谨性、深刻性、权威性方面偏弱、信息较为杂乱冗余、会受到网络制约、碎片化消息会一定程度消解传统技艺的原真性

【注　释】

[1] 薛可，余明阳．人际传播学 [M]．上海：同济大学出版社，2007.

[2] 郭庆光．传播学教程 [M]．北京：中国人民大学出版社，2011.

[3] 胡河宁．组织传播 [M]．北京：科学出版社，2006.

[4] 庄晓东．文化传播：历史、理论与现实 [M]．北京：人民出版社，2003.

[5] 李彬．传播学引论：增补版 [M]．北京：新华出版社，2003.

[6] 仲富兰．民俗传播学述论 [M]．上海：上海文化出版社，2007.

[7] 李岩．传播与文化 [M]．杭州：浙江大学出版社，2009.

[8] 杨红．非物质文化遗产展示与传播前沿 [M]．北京：清华大学出版社，2017.

[9] 黄瑞玲，肖尧中．现代人际传播视野中的手机传播研究 [M]．长春：吉林大学出版社，2010.

传统村落振兴建设的『有效性』研究

——第二期『代代相生，以纸为媒——传统手工造纸村落振兴计划』国际学术工作坊

梁瑞峰　谢亚平

摘 要

2019 年 6 月，四川美术学院发起了第二期以"代代相生，以纸为媒——传统手工造纸村落振兴计划"为主题的国际学术工作坊，再次与日本千叶大学设计文化计画研究室、日本国立历史民俗博物馆等研究机构共同组建跨学科团队，针对日本传统村落的建设与发展以及手工艺传承和创新进行系统性研究。笔者以工作坊部分研究内容为参考，从日本传统村落建设的成功案例出发，结合现实情况，分析乡村振兴中手工艺村落的"有效性"。

关键词

传统村落振兴；有效性；社会意识；主体

当今对传统技艺进行系统性研究的过程中，对"村落"的关注度在逐步提高。自党的十九大提出乡村振兴战略以来，传统技艺的保护与传统乡村的振兴关联也越发紧密。但对中国传统村落的振兴一直是一个复杂的问题，包括村落中人与生产的关系、人与自然的关系、村落与当地整体发展目标的关系等。传统村落振兴虽具有复杂性，但也在多学科视角下产生了越来越多的新成果，作为一种社会意识，在广泛介入乡村振兴的建设中，且已具有一定的进程时间跨度与实践成果。若要对这一过程与结果有一个直观且标准的评判"量"，则可简单视为介入的"有效性"。同时，如同乡村振兴这一议题所具有的复杂性，"有效性"的判定也要求多层次、多角度、科学、符合实际情况。

一、何为"有效性"

（一）"意识"与"自我"的主体

在提到"社会意识"与"村落自我"的时候，重点要考量的有两个主体。一般而言，将社会意识带到村落的主体通常是行政部门、科研机构、高等院校，等等，而村落的主体便是村落本身和生存于该区域的村民，以及他们所形成的习惯或习俗的共同体。

2000年后，除了村落的自身发展，行政部门也开始在有相应的整体地域发展任务的情况下，对村落进行过统一的"改造"与"优化"。在行政主体的直接干预下，如何促成城乡二元的融合发展，促成两个主体的"相互理解"，是很急迫的问题。在如何尊重村落的问题上，也会有属于自身的特殊性与需求，既尊重历史又面向未来，真正体现人民的主体性，是长期以来乡村发展中一个要直面的问题。

从经济角度来说，受制于历史因素的长久影响，尤其是城市化进程中，城乡二元对立关系的出现，乡村发展明显是较为滞后的，一方面，是生产力发展极为缓慢；另一方面，思维与意识得到的纵向发展也极为有限。村落作为一个主体，尤其是具有明显的手工艺产业特征村落，其生产关系与生活空间的整体性关联明显，其围绕"手工技艺"产生的文化共同体的特质明显，强行以统一的或是"快速"的、自上而下的方式去改造独特的村落，无疑会留下潜在的二次改造隐患。尊重当地上千年发展中积淀的历史文化特质，是无可避免地考量其独特的需求以及发展路径的前置性思考。

（二）“社会意识”与“村落自我”的相性

根据上述分析可做简单归结，两个主体在相互作用的情况下，需要达到一个"理想的状态"：以在场参与、符合自身利益、自主性为前提，获得共赢的局面。在第二期的"代代相生，以纸为媒——传统手工造纸村落振兴计划"国际学术工作坊研学过程中，中日院校的研究人员考察了位于日本岐阜县的白川乡，该乡村于1995年被联合国教科文组织世界遗产委员会批准作为文化遗产列入了《世界遗产名录》，且被称为"日本最后未被开发的区域"，是传统村落建设的先进典型案例。

白川乡村落建设最直观的便是村落与自然风貌近乎完美的结合，使用粗茅草为材料进行合掌造的建筑也为该村落增加了特殊性。白川乡自身作为主体，长久以来具备优美的自然环境，但同时又因为位于山区，在历史上限制了村落与外界的交流与发展，环境因素促成当地居民形成了强有力的自我精神纽带，建有互助组织，村落自我的"主体"意识比较强烈。一个成功建设的传统村落会有一个令人瞩目的"有形文化"，往往会表现在衣、食、住等方面，白川乡传统的茅草合掌造屋的技艺下建造的合掌村便是将"住"放在了外来人员的眼帘，成为第一项特别的有形文化。当客人走近村庄时，首先会看到屋顶的形状，也许会对其形状感到有些突兀与疑惑，便可以引出白川乡较为独特的合掌宅邸建筑方式，成为村落自我主体的一种特别展现渠道。[1]

一个村落的正面发展，除了村落自身的力量外，也需要"社会意识"的力量。20世纪，日本高速的经济发展，富足的物质生活带来精神文化的需求，日本政府与研究机构也倾力保护和发展日本传统乡村，当白川乡成功申遗后出现种种质疑时，侧面反映了日本政府对白川乡发展的大力扶持。在保持村落自我特点与发展需求的同时，得到了社会方面的支持，两方主体利益最大化，带来一种良好的"相性"，从而指向的便是"有效"的村落发展介入结果。

二、为什么村落建设需要"有效性"

在社会意识介入传统村落建设的过程中，都会想寻求自身利益的满足，但传统村落通常属于较为弱势被动的一方，甚至可能在区域整体发展的布局下有所牺牲。中国的传统村落多数被打上了落后的烙印，在整体发展的布局下，传统村落不仅可能遭遇"失语"，更可能失去主体地位，成为被动选择和物化的对象。一方面，建设传统村落过程的迷茫以及科学知识的缺失，易造成村落建设与主流社会意识完全不符的结果。例如，在国内一些翻建的乡村，随处可见灰黑的水泥楼带着洋房元素的围栏，形成一种"不洋不土"的怪异现象，甚至出现一个村落的建设都是各自"发挥"的情况，以家庭为单位造出不一样的建筑形象，且均不具备审美价值，还可能存在安全隐患，若是后期遇到整体布局的改造，这些小建筑依旧难逃推倒重建的命运，导致之前所做的建设工作变为无效。

当社会介入村落的建设时，必须认识到代表"社会意识"的一方所拥有的知识结构与背景与村落一方存在较大的差异。一个有效的传统村落建设，不同的双方在同一个项目中，必要的基础是达成普遍的"共识"，也就是"良好相性"，然而，不同的知识结构容易造成两边主体的"意志"不同。[2]

简单来说，每个主体都有自己的利益或价值出发点，在共建村落的时候，不同的价值观不仅难以匹配甚至互相冲突，弱势的村落一方通常是"意志"的牺牲者，从主体沦为"旁观的参与者"。在当今一些村落的建设中，或是满足市场需求，或是满足更强的社会意识，原生村落被生硬改造成不符合其自然发展脉络的样子，如"观景平台""网红打卡点"等这类几乎毫无艺术、经济价值的建设。还有一种情况是"从大流"，什么热门造什么。例如，在中西部偏远山区模仿沿海城市打造"××小镇"等格格不入的项目，不仅不伦不类没有收益，还会造成严重的资源浪费甚至是不可逆的破坏。且不说是否违背村落自身的"意志"，一些改造的行为已经不符合正常的科学发展路径。

之所以需要"有效性"，正是因为失败的村落建设案例存在低效、资源严重浪费的现象，纵容这类现象大概率会导致一个"三输"的局面：传统村落的建设与振兴不是一个"种豆得豆，种瓜得瓜"的简单逻辑可以涵盖的，政府部门投入了资金却无法获得想要的结果，为一输；原生村落自然景观遭到不可逆改造后，甚至连起码的经济效益都无法保证，加剧乡村的"空心化""老龄化"问题，带来更糟的乡风文明，为二输；被宣传吸引前来参观、消费的第三方旅客，付出时间、金钱成本，却只能得到糟糕的体验，是为三输。正是为了减少类似"三输"局面的产生，才需要在传统村落的建设上有更多的"有效性"。

三、如何在传统村落的振兴建设中更具"有效性"

目前，在传统村落的现代建设进程中，对于如何在主体之间存在差异、冲突的情况下营造共识，共同地向一个合理的方向发展，如何在不同价值观碰撞的情况下有建设性地参与一场集体的行动，形成凝聚力，实践有效的路径的问题上，笔者认为，不同主体共同的行动，不能看作纯粹的叠加或是"1+1"，在现实中，社会意识与村落自身注定会存在碰撞或相互间的消解，如何将各方的利益获得最大化，是确立有效性的一个重要指标。

在第二期的国际工作坊调研过程中，团队曾造访过日本奈良县吉野町的一处乡村，该村落的住户自7世纪初期从中国传入造纸工艺以来，一直坚持手工造纸的传承。调研团队曾具体调查当地材料的栽培、采摘、加工，还有纸张的生产、贩卖、使用，以及生产道具、工坊、生活空间、地域和空间构成的多方面的因素。经调查发现，该村落所自有的产业一直得到较好的保护，在保持原自然居所的同时，发展自身的手工技艺产业，并逐渐品牌化，当地造纸手工坊就地取材，积极利用本地资源支持乡村产业可持续发展。另一方面，日本国内对"无形文化财"的保护也与当地的村落合力相向，吸引来自日本全国甚至是世界的抄纸体验者来到此处观赏与消费，这也是传统村落的一个较为成功的建设案例。

改革开放后，中国取得的发展有目共睹，群众生活水平的提高，也增添了对精神文明建设的期待。恰逢当下又是传统村落建设的关键时期，艺术介入乡村建设，如何更具"有效性"？以艺术介入乡村建设为例，行政部门需要对辖区内村落的建设有更长远的计划，必须先对村落形成的历史元素进行捕捉，探讨艺术介入乡村的可行性，不可自己画靶再打靶，盲目下达任务目标，更不可以抱着自上而下的高傲心态对传统村落进行断根灭绝式的"重建"，注意自身参与建设的"限度"。院校与研究机构也需要对村落进行介入研究，并且在提供建设建议的时候需要更多的自我检视，应当从自己专业的角度出发，协助行政部门发掘村落有价值的特点，艺术类院校在介入乡村建设时，则更需要与当地群众进行沟通，对村落所处的文化空间、自然空间、社会空间有一个更结构化的认识和更可持续的规划，在帮助村落进行艺术创新创造的时候，也要贴切乡村的本性传统；而村落自身也要明确自己所需，不可完全消解自身存在的意志，应找到自身存在的精神纽带，跨过不同时代去找回村落的独特元素，发扬自身本有的传统技艺与产业。

四、结语

一个村落的形成，无非是最早的一群人在一个区域选择了各自最适合建造宅邸的地基进而建成的家园。当下，对传统村落的建设与振兴，无论如何都是多方融合共同进行的。不同的身份，不同的视角，不同的背景，在共事一个目标时，只有在同一个科学发展的框架内，才能真正做到"有效性"。社会在进步，人民群众的需求在进化，审美水平也在逐步提高，不同时期的"有效性"可能又有新的标准，但只要在每个主体间达到一个科学的动态平衡、良好的相性，明确认知自己的身份，共同将无用陈旧的翻改，变为理想的创造。

【注 释】

[1] 柳田国男. 乡土日本 [M]. 杨田，译. 北京：清华大学出版社，2018.

[2] 崔丽洋，徐丽敏. 社会工作介入乡村振兴的价值空间与促进机制 [J]. 社会福利（理论版），2021（11）：3-7.

文家乐

德為鄰 美術館

花筑奢·一树闲居民宿

夹江县书香墨韵文化统站基地

乐山市美术家协会写生基地

夹江县文学艺术界联合会研创基地

附录1　2018年四川夹江马村田野实录

工作坊介绍

　　党的十九大提出实施乡村振兴战略，是着眼党和国家事业全局，深刻把握现代化建设规律和城乡关系变化特征，顺应亿万农民对美好生活的向往，对"三农"工作作出的重大决策部署，是决胜全面建成小康社会、全面建设社会主义现代化国家的重大历史任务，是新时代做好"三农"工作的总抓手。

　　传统手工艺造纸村落自古以其独特的血缘与业缘关系代代相传，从产品体系、技术系统、村落生态景观、民居样式到生产性民俗形成一套独特的文化生态有机链状体系。随着行业的萎缩和内在分工体系的瓦解，原有建立在单一姓氏和宗族关系的传统手工造纸生产系统在现代生活中被瓦解，村落也逐渐凋敝。

　　四川美术学院设计学院在中国传统工艺振兴计划和乡村振兴战略的号召下，组建跨学科团队，开展"代代相生，以纸为媒——传统手工造纸村落振兴计划"国际工作坊，集国际学术力量讨论关于传统手工造纸村落振兴的议题，试将设计、美术、人类学、文物保护、音乐等跨学科的理念、理论与方法引入手工艺村落振兴的计划中，推动传统工艺的创造性转化，为新时代乡村活化和社会创新提供学术知识。

　　一、项目基本情况

　　（一）项目时间

　　2018年11月26日—11月30日

　　（二）项目地点

　　田野调查地点：四川省乐山市夹江县马村乡

　　（三）项目成员

　　1. 项目召集人：

　　　　谢亚平（四川美术学院　教授）

　　2. 学术顾问：

　　　　郝大鹏（四川美术学院　教授）

　　　　潘召南（四川美术学院　教授）

陈　刚（复旦大学　教授）

3. 项目导师：

松尾恒一（日本国立历史民俗博物馆　教授）

植田宪（日本千叶大学　教授）

吴嘉陵（中国台湾华梵大学　副教授）

罗雁冰（四川大学历史文化学院　副教授）

汪静渊（中国传媒大学　教师）

4. 项目参与人：

米　静（四川美术学院手工艺术学院　科研秘书）

李　皓（四川美术学院设计历史与理论　研究生）

孙艺菱（四川美术学院设计历史与理论　研究生）

梁瑞峰（四川美术学院设计历史与理论　研究生）

欧诗璐（四川美术学院设计历史与理论　研究生）

吴文义（四川美术学院设计历史与理论　研究生）

王　璐（四川美术学院设计历史与理论　研究生）

赵谷靖（四川美术学院设计历史与理论　研究生）

曾韵筑（四川美术学院设计历史与理论　研究生）

王佳毅（四川美术学院环境设计　研究生）

郭　倩（四川美术学院环境设计　研究生）

程　倩（四川美术学院视觉传达设计　研究生）

张玉姣（四川美术学院视觉传达设计　研究生）

贾　倩（四川美术学院装饰雕塑设计　研究生）

阮将军（日本千叶大学　博士）

青木宏展（日本千叶大学　博士）

孟　晗（日本千叶大学　博士）

张　夏（日本千叶大学　博士）

宫田佳美（日本千叶大学　博士）

郭庚熙（日本千叶大学　博士）

（四）项目支撑院校及机构

四川美术学院

复旦大学

中国传媒大学

四川大学

中国台湾华梵大学

日本国立历史民俗博物馆

日本千叶大学

二、项目内容

（一）项目主题

1. 手工艺村落：技艺与居住空间；宗族关系与技艺传承；造纸工艺与工具

2. 关键词：传统村落；乡村振兴；手工造纸；文创产品

（二）项目思路和主要内容

1. 项目思路：振兴计划主要选择手工艺村落，除了对乡村本身的分析外，手工艺还是村落整个生产链条中的一个环节，是依附在生产系统中的，手工艺与村落的关系是一种密切的原有的农耕文化的地缘关系和生产系统的一种交叠。从手工艺切入，围绕手工技艺产生的全部技艺环境和文化环境，可以帮助了解传统村落背后的更迭及使命。同时，振兴计划的参与人员涉及设计学、社会学、人类学、音乐学及环境艺术设计等不同专业，对传统村落的文化空间进行整体性研究，包括手工艺、民俗、民居、文化等不同方面，希望以跨专业、跨学科的手段去寻找一种动态的命题。

2. 项目内容：在中国乡村振兴的战略背景下，针对传统手工艺日益衰落的局面，将进行为期三年的传统手工艺村落振兴计划，重点针对传统手工造纸村落。本次振兴计划是切合中国乡村振兴战略，选择具有手工产业的传统村落，对村落进行跟踪和对比的跨学科研究，重点针对手工造纸村落。计划希望对传统村落进行文化空间的整体性研究，从设计学、人类学、社会学、音乐学、环境艺术设计等方向对一个固定的地方区域做各个领域的研究，从田野调研中进行文化资源调查，对建筑资源、民俗资源、手工艺资源等内容进行深度研究，在手工技艺文化生态系统中对村落的一些图形符号进行提炼，最后转化成产品的创新。

传统手工造纸村落的振兴计划不是一次单纯的产品研究，而是在中国乡村振兴的战略背景下，反复对传统村落进行文化资源的挖掘，希望可以对传统村落未来的复兴做出一些规划性的意见，以跨专业、跨学科的手段去寻找一种动态的命题。从手工艺、民居开始，进行所有的文化研究，转化成产品的创新。最后，针对传统村落的振兴提出具有战略性的建议。

（三）项目前期研究基础

1. 国家"十二五"科技支撑计划课题"传统村落民居营建工艺传承、保护与利用技术集成与示范"：该课题以人文艺术学科牵头，与自然学科交叉融合，在对建造工艺的深耕与挖掘整理的基础上，进行了活态的保护与传承中国农村丰富的传统营建文化。

2. 国家社会科学基金艺术学青年项目"四川夹江手工造纸可持续发展研究"：该项目结合"夹江手工造纸技艺"个案的特殊性，运用文化生态理论，从自然生态、人文生态、社会生态角度建立了一套关于地方性手工技艺知识体系的认识模型。

3. 国家艺术基金艺术人才培养资助项目"'美丽中国行'—— 西南乡村建设创新营建人才培养"：该项目是在新时代乡村振兴战略背景下探索西部乡村发展的营建方式，培养创新型、综合型的乡村建设人才，让传统文化能够在乡村生活中活态传承，从而为"美丽乡村"建设，提供持续人才输出。

4. 重庆市研究生教育教学改革研究项目"传统工艺振兴战略下设计学研究生培养模式的优化研究"：该项目在传统工艺振兴战略的驱动下，拟开展系列"传统工艺振兴"专题设计工作营，深耕西南非物质文化遗产的活化，为设计类研究生的培养探索一种新的模式。

三、四川夹江纸田野调查

（一）田野调查内容

1. 夹江纸造纸工艺与工具调研；

2. 宗族关系与文化生态调研；

日程安排	
日期	内容
11 月 26 日	各机构调研人员到达成都市
	于成都集中后前往乐山市夹江县
	完成相关调研准备工作
1 月 27 日	马村田野讨论、分组、制定每组调研计划
	参观夹江造纸博物馆及田野地点马村乡
	召开调研内容分享会
	每组整理当日录音、照片、视频等资料
11 月 28、29 日	明确当日调研内容
	前往田野地点马村乡
	分组进行田野考察
	召开调研内容分享会
	每组整理当日录音、照片、视频等资料
11 月 28、29 日	明确当日调研内容
	前往夹江年画研究所并参观
	于夹江年画研究所完成年画的制作体验
	前往成都东站，返回重庆

3.技艺与居住空间及村落营建调研。

（二）田野调查成员分组

1.技艺传承与产品创新组：

导师：谢亚平、植田宪、吴嘉陵

学生：米静、李皓、孙艺菱、阮将军、青木宏展、宫田佳美

2.文化生态组：

导师：松尾恒一、罗雁冰

学生：梁瑞峰、欧诗璐、孟晗、张夏、郭庚熙、张玉姣、贾倩

3.民居建筑与空间特征组：

导师：潘召南

学生：王佳毅、郭倩、程倩

（三）田野调查日程安排

（四）第一期调研成果

1.传统生活智慧与设计提案构想：

工艺流程的归纳、现代与传统的异同、工具的一物多用、严峻的村落现状、老年人的爱情观、荒废空间的反思、手工抄纸的温度、最想逃避的工序、当地人心目中的豆花、源于生活的设计（黑色的记号）、工匠精神、设计所及、高效的工作流程设计、心心相印中孕育的竹纸、参与交流中的智慧传承。

2.夹江竹纸文化生态：

①从设计的视角对当地文化进行了考察,提出"地区生活者应有的姿态"题目。

②夹江马村乡村民因传统工艺中的"不方便"而自发改进的工艺。

③ 基于乡村生活方式的乡村品牌设计。④田野调研方法中的问题： 地方性知识传播中的误传与误读。

3.利用可视化的手段介入乡村振兴：

①可视化手段具有优势：在调研过程中，各个小组有不同的研讨主题， 也将遇到诸多当地特有的元素。通过可视化手段可以较快地将调研对象进行完整记录。

可视化手段便于参与者理解、探索与交流。

②可视化手段是重要的叙事"语言"：可视化手段本身具有完整的结构，并且与乡村元素有一定的契合能力。二者有机结合，通过可视化手段去讲述"故事"可以充分展现乡村的特殊性、真实性，从而助推乡村振兴。

③讲"故事"以促振兴：用可视化的方式，不仅可以完整地反映本次工作坊的过程，还能讲出"故事"。让更多的人可以体会到手工艺村落振兴的迫切，体现田野调查的意义，明白乡村振兴不可停留在言说。

乡村振兴需要学术的支持，但也需要可视化的方式对现实进行通俗的演绎，使其成为老少皆知皆参与的事情。为乡村重塑认同，振兴建设提供源源动力。

研究团队参观夹江年画研究所（梁瑞峰摄）

研究团队正在进行田野考察总结汇报（梁瑞峰摄）

研究人员与曾经的竹纸手艺人（今　研究团队参观的造纸工厂（颜雪摄）
在造纸厂工作）进行交流（郭庚熙摄）

研究团队在"篁锅"上体验"锤节"（颜雪摄）

研究团队正在参观现代造纸工厂（颜雪摄）

附录2　2019年日本千叶大学田野实录

工作坊介绍

在全球高度工业化、都市化发展的当今，传统手工艺产业以及与之相关的文化生活正在慢慢消失。随着现代社会经济与技术的日渐饱和，有关创建可持续发展的社会的呼声越来越高，针对地方性有形无形资源的再发现与再认识的需求，如何让该地区的人们积极利用本地资源创造可持续发展社会的问题将日渐凸显。继第1期工作坊之后，团队将以传统工艺保护与振兴为目的，通过对日本和纸的生产与应用的田野调查，以实验和科学分析的方法，研究中日双方造纸文化的发展与创新。

手工纸的制作与当地地理环境、区域性政策、人口规模、生产技术、历史文化、产业基础等因素息息相关，包括建筑形制、技艺工具、生活方式及民俗文化等多方面内容。因此加强对纸张制作生产背后历史文化与科学技术支撑的研究具有重要意义。传统手工艺是人类发展历程中，科学技术与自然环境的协调下产生的具有丰厚价值的文化财产。双方交流团队将通过和纸的材料研究、生产技艺、用具设计与使用、生产空间形制与功能、工艺传承与发展方式、政策法规、产业分布与形态、产品开发与应用、传统工艺再设计、社会创新等方面内容展开进行深入调研与交流，涉及科技、设计、经济、建筑、工艺、民俗等多领域研究。

一、项目基本情况

（一）项目时间

2019 年 6 月 9 日—6 月 20 日

（二）项目地点

田野调查地点：奈良县奈良市、奈良县吉野町、岐阜县白川町、长野县大町市、长野县松本市、东京、千叶县千叶市

（三）项目成员

1. 项目召集人：

   谢亚平（四川美术学院 教授）

2. 学术顾问：

　　郝大鹏（四川美术学院　教授）

　　潘召南（四川美术学院　教授）

3. 项目导师：

　　松尾恒一（日本国立历史民俗博物馆　教授）

　　植田宪（日本千叶大学　教授）

4. 项目参与人：

　　吴竹雅（日本千叶大学　博士）

　　阮将军（日本千叶大学　博士）

　　青木宏展（日本千叶大学　博士）

　　孟　晗（日本千叶大学　博士）

　　张　夏（日本千叶大学　博士）

　　宫田佳美（日本千叶大学　博士）

　　郭庚熙（日本千叶大学　博士）

　　土屋笃生（日本千叶大学　博士）

　　高木友贵（日本千叶大学　博士）

　　李　皓（四川美术学院设计历史与理论　研究生）

　　孙艺菱（四川美术学院设计历史与理论　研究生）

　　梁瑞峰（四川美术学院设计历史与理论　研究生）

　　王　璐（四川美术学院设计历史与理论　研究生）

　　王佳毅（四川美术学院环境设计　研究生）

　　郭　倩（四川美术学院环境设计　研究生）

　　张美昕（四川美术学院环境设计　研究生）

　　张玉姣（四川美术学院视觉传达设计　研究生）

　　贾　倩（四川美术学院装饰雕塑设计　研究生）

（四）项目支撑院校及机构

　　四川美术学院

　　日本国立历史民俗博物馆

　　日本千叶大学

二、项目内容

（一）项目主题

日本与中国传统纸的生产、使用——关于物质特性的比较研究

（二）项目思路和主要内容

1. 项目思路：

基于中日合作团队已于 2018 年完成对中国四川省乐山市夹江县"夹江纸"的田野调查研究。本次赴日工作坊将完成以日本和纸为主的相关调研工作。工作坊以"日本与中国传统纸的生产、使用——关于物质特性的比较研究"为主要线索，对传统造纸技艺与产业发展进行重点调研。

2. 主要内容：

①关于日本传统和纸的生产与应用调研（地点：奈良县吉野町）。该地区自公元 7 世纪初从中国传入造纸工艺以来，一直坚持手工造纸的传承。此次调研将具体调查当地材料的栽培、采摘、加工、纸张生产、贩卖和使用，以及生产工具的制作与使用、工坊空间结构、当地人生活方式、地域民俗、产业发展等多方面内容（本次考察已取得当地工坊的许可）。

②关于传统和纸的应用与使用的调研（地点：奈良县奈良市）。奈良市的药师寺有实际使用奈良县吉野町手工和纸的历史。此次调研将调查邻近地区传统手和纸使用、流通的实际情况以及配套产品——手工墨水的相关情况。

③关于传统和纸在民居空间的使用情况调研（地点：岐阜县白川町）。日本人的生活离不开纸张的使用。在传统日式民居中，纸张多用于门框、窗户和生活工具的制作上。此次将走访调查传统日式民居保存完好的白川乡，当地合掌造民居里大规模使用了被联合国教科文组织认定为"人类非物质文化遗产"的"本美浓和纸"。

④关于中日传统手工造纸生产与使用的类比研究（地点：长野县大町市）。将前往具有和纸生产代表性的长野县大町市进行考察，因此地与中国四川省乐山市夹江县的历史发展状况类似，故选定该地区唯一现存百年造纸历史的松崎和纸进行调研（日本合作团队已启动事先调查，并已取得当地工坊的调查许可）。

⑤关于日本地区传统和纸的流通与使用的调查（地点：长野县松本市、东京都）。长野县松本市自古形成以松本城为中心的城下町，而东京则是首屈一指的世界级大都市，两地皆为日本和纸重要的流通据点。自江户时代起，就存在许多和纸的贸易据点和商人。本次考察将针对其历史发展与商业现状进行着重调查。

⑥关于日本传统手工艺的扶持政策调研。本次将重点考察东京文化财研究所推行的文化遗产保护政策以及传统工艺品产业振兴协会推行的传统工艺品的产业振兴政策（两者均已获得考察许可）。

⑦关于传统和纸的科学分析调研。本次合作的日本团队将借助千叶大学大学院工学研究院的科学仪器，以材料为切入点展开科学分析研究。通过使用电子显微镜、拉伸测试仪等科学仪器，确定传统和纸的物理属性与化学特征。尝试将实验科研手段导入传统造纸工艺研究中。

⑧关于调查结果的总结与讨论。结合2018年在中国四川夹江县的竹纸调查结果，分析讨论本次日本调查研究信息，共同探讨创建可持续发展社会的方法论。综合所有信息，撰写出具有重要影响力的论文或学术报告，同时，对地方产业的振兴提出有效建议。

三、田野调查

（一）田野调查内容

1. 如何叠加生产、生活与文化形态的发展，思考传统村落的真正价值

2. 手工纸的无法替代性，手工纸如何进行价值增值与文化传承

3. 如何进行纸文化创意产品的开发

4. 纸的文化知识体系如何创造性运用在当代生活中

5. 艺术＋科技如何双重介入，让传统村落焕发生机

6. 传统手工艺村落的典型案例，民居的独特价值体现

（二）田野调查成员分组

导师：谢亚平、潘召南、植田宪、松尾恒一

1. 文化生态组：

学生：王璐、孙艺菱、李皓、张夏、郭庚熙、宫田佳美

2. 和纸研究组：

学生：梁瑞峰、张玉姣、贾倩、吴竹雅、土屋笃生

3. 民居建筑与空间特征组：

学生：王佳毅、郭倩、张美昕、青木宏展、高木友贵、孟晗

（三）田野调查日程安排

日程安排	
日期	内容
6月9日	到达日本大阪
	前往奈良
	于住所进行调研前准备工作
6月10日	前往五条市
	参观新町重要传统建筑群保存地区（市立五条文化博物馆）
	参观吉野町福西和纸工坊
	返回奈良
6月11日	前往奈良东大寺参观
	参观春日大社

日程安排	
日期	内容
6月12日	前往白川乡
	参观合掌造型民家建筑
	与村民进行交流座谈
6月13日	前往长野县大町
	资料汇总，分组讨论
6月14日	参观古民家
	参观仁科神明宫
	参观、体验松崎和纸工坊
	资料汇总，分组讨论
6月15日	参观大町山岳博物馆
6月16日	前往千叶县
	资料汇总，分组讨论
6月17日	前往东京
	传统工艺考察（青山SQUARE）
	参观东京文化财研究所
	自由参观美术馆（森美术馆、21_21 DESIGN SIGHT等）
	返回千叶县
6月18日	参观千叶大学
	校内讨论（与设计文化计画研究室的座谈、演说）
6月19日	参观日本国立历史民俗博物馆
	返回重庆

（四）第二期调研成果

1. 文化生态组成果：

手工艺人的自我创新意识对造纸行业发展具有一定影响，福西和纸与松崎和纸两家工坊存在两种不同的生产经营路线的事实表明，日本民间手工艺人具备将自身的优势转化为造纸手工艺独特文化品牌的意识与能力，进而实现对传统造纸工艺文化价值的再造。

白川乡的"结"体现出传统村落的互帮互助的合作方式，进一步探索"结"则可清晰地看到一种人与人的关系、人与自然的关系及人与生活空间的链接，以及当地人对本土化的认知以及独特的乡土文化保护模式。以白川乡防火措施为线索，可以显现出白川乡的村落文化变迁，反映多个角度和层面的白川乡村落文化发展思路。多个地点的调研资料的分析后，表明了通过地域居民的合作努力建立美丽的乡村的重要性。

2. 和纸研究组：

经过对福西和纸与松崎和纸的系统梳理，厘清了造纸的材料、水源、制作方式、用途、特征等内容，并将两个纸坊进行类比分析。通过绘图的方式详细记录了制墨的过程。进而总出要点即利用地区资源、环境，创造生活、造纸；研究发现手艺人对生活细节的关注度较高，并会时刻注意时代的必要元素；纸并非只有手艺人才能制作，是一种具备传承性的技艺；和纸文化的传承保持着和纸的多样性。

重点考察日本和纸品牌中以品牌视角介入传统工艺的保护与活化。探讨了手工和纸品牌的要素，在考察中从品牌视角收集和纸的品牌信息，通过分析国内外手工纸的品牌案例，进一步尝试探索系统的手工纸品牌构建途径。

关于工艺传承方面的研究，小组成员从传承教育研究的视角切入本次对和纸的调研，分析和纸工艺传承中的客观危机事实，再展现调研中所发掘的手工艺职人的教育与传播方式，包括福西和纸工坊给幼稚园的结业证明以及与其他县市小学的合作工作坊、松崎和纸工坊有受日本与外国人喜爱的抄纸体验活动，以及一些有趣的细节。通过对当下传承与教育方式的分析，总结出传统和纸工艺的传承只靠"使命感"已难以支撑，更需要对工艺本身有个更清晰的认识与定位。

传统手工纸在当代雕塑中的运用，考察从三个方面进行，基于对日本手工和纸特点的分析，包括和纸的品质、职人的自我与社会认同感、当地生活的需求。分析生产方式，以"手工纸的人情味"为研究切入点。最后该部分总结为：传统文化需要被保护，但不是一成不变地复刻，需要去探寻时代的"印记"，手工纸的继承也并非简单传递，而是不断汲取前阶段的特点进行结合、改变、适应。

3. 民居建筑与空间特征组：

设计最为重要是多学科的信息收集，整理，归类，分析，再提出创造性的概念想法。小组通过KJ分析法进行尝试，将收集的信息写于卡片上，随后进行构造化，打破之前的认知，从而发现不同构造之间相互的逻辑性。随后对调研中发现的案例进行展示，包括大町市立大町山岳博物馆不同楼层的电梯主题设计、白川乡的茅草建筑、围炉所代表的一种生活方式以及其他民居建筑或空间设计相关的案例。

围绕"人"与"空间"，分析"人"的行为，厘清其内在的逻辑关系。最后归纳总结为：人与物、人与人的相互作用具有重要性。人类发现自然资源，活化利用于人的生活状态的智慧很重要，并且不断进行着顺应着时代的变化。人的生活与自然调和后，产生美感，正如白川乡能成为世界遗产最重要的与自然的调和以及高度自律的村民自治系统，通过故事的讲述让外地人与当地人一样对当地事物产生"共情"，通过激发感官的设计，有助于直观理解事物背后的故事。事与物的创造与延续是由制造者与使用者相互作用、反馈的结果，一件好的"物"是由使用者与制造者双方的交流中共同完成。

研究团队在福西和纸工坊的合影

研究团队于听取研究者的日本传统手工艺讲解（梁瑞峰摄）

研究团队与白川乡当地居民围炉座谈（梁瑞峰摄）

研究团队于合掌建筑中听取白川乡向导的讲解（梁瑞峰摄）